城市无障碍设计

焦舰　孙蕾　杨旻　著

中国建筑工业出版社

前　言

“无障碍设计”是我们供职的北京市建筑设计研究院（集团）有限公司的“传统强项”，周文麟老先生可以说将毕生心血倾注其中。自2007年开始，我们这个年轻的团队按照院里的安排和要求，追随周工学习，并逐渐开始参与一些城市无障碍建设方面的工作，如残奥会的无障碍研究、2008年奥运会前北京市对整个城市的无障碍设施的更新和改善、全国无障碍城市的评比审核等。2009年4月我们代表主编单位（北京市建筑设计研究院）主持了原《城市道路和建筑物无障碍设计规范》（JGJ 50—2001）的修编，新规范由行业标准升级为国家标准，并更名为《无障碍设计规范》（GB 50763—2012），经过了两年多与其他参编单位的协作，新规范于2012年9月正式实施。

在全面参与无障碍设计各项工作的六年中，我们团队也逐渐确立了系统性的工作方式、持续着对其发展的追踪，建立了与国外尤其是亚洲同行的交流，并在此基础上积累了大量的资料，形成了自己的思考和见解。所以，在规范编制完成前，我们即开始着手准备这本书的编写工作，系统性地论述我们对于无障碍设计的整体性理解，并把一些资料与读者共享。

国内外不乏以系统性的方式编写无障碍设计的书，但每一本书的结构、角度选取和内容都不尽相同，表达了作者对于这个主题的不同理解。本书是从立法出发，简单地介绍了残疾、障碍、无障碍等基本的理念，之后从社会、人文及功能性的角度阐述无障碍设计的原则，进入关于“设计”的“正题”。在我们看来，前面的背景介绍虽然篇幅不长，却非常重要；因为，我国的建筑师长期在按照“图集”去“索引”无障碍设计，要“进化”到“真正”的设计，必须了解这些背景。而我们基于多年的积累和研究总结出来的无障碍设计的原则，也是想引导建筑师去思考，根据项目用心设计“无障碍”。

基于同样的初衷，本书选取的实例突出设计性，突出无障碍怎样在整个设计系统中去实现，而不是常规“标准图集”的形式。我们要做的是激发和鼓励建筑师突破标准图集，突破千篇一律，让无障碍设计不再突兀和丑陋，而是自然地融入到建筑师匠心的设计中。

所以，本书虽然涵盖的方面比较多，但都是围绕“设计”这个主题。

“无障碍设计”发展到“通用设计”是个必然的趋势，通用设计虽不是本书的重点，但也专门开辟了一个章节。同时，本书也设置了一些章节介绍规范，以及进行一些规范方面的对比，毕竟规范是无障碍设计的一个重要方面，而我们又恰好对规范了解更深一些，由于规范的文本限制使某些内容无法深入说明，正好在本书中可以表达出来，也算是作为新规范的主持编写者对于规范的一个诠释吧。

本书由焦舰负责结构的制定及统稿。

第 1、2、4、6、9、10 章由焦舰撰写；

第 3、7 章由孙蕾撰写；

第 8 章由杨旻、孙蕾共同撰写；

第 5 章由焦舰、孙蕾、杨旻共同撰写。

借本书感谢周文麟、马国馨两位先生这些年对我们的教诲和支持。无障碍设计及其发展到通用设计在一些人看是无利可图的事，但从两位先生和其他参与此项事业的人身上，以及从参与此过程的体验中，我们看到它是利益众生的事，参与者因此能收获快乐和满足。

最后特别要说，本书的写作来自于作者之一焦舰发的一个“愿”，感谢孙蕾和杨旻与她一起完成了这个“愿”，相信它一定能回向给我们心中关爱的生灵。

焦舰

2013 年 10 月 2 日

目 录

1 无障碍设计历史回溯……1
1.1 基本情况……1
1.2 国外无障碍建设概述……2
1.3 中国无障碍建设概述……6
1.4 无障碍环境建设整体理念的发展……8
1.5 无障碍设计标准……9
2 残疾与障碍……10
2.1 视力残疾……13
2.2 听力残疾与言语残疾……16
2.3 肢体残疾……18
2.4 其他……20
2.5 老年人……20
3 《无障碍设计规范》综述……21
3.1 《无障碍设计规范》的编制背景和过程……21
3.2 《无障碍设计规范》的编制思路……21
3.3 《无障碍设计规范》中关于无障碍设计范围的要求……25
4 无障碍设计的原则……27
4.1 "全生命周期"的建筑……28
4.2 人体工程学……28
4.3 无障碍设计原则……32
5 无障碍设计的基本要素……43
5.1 缘石坡道……43
5.2 盲道……45
5.3 无障碍出入口……49

5.4 轮椅坡道 53
5.5 无障碍通道 56
5.6 门 58
5.7 无障碍楼梯 59
5.8 台阶 62
5.9 升降平台和扶梯 63
5.10 无障碍电梯 64
5.11 扶手 66
5.12 无障碍停车位 69
5.13 无障碍卫生间 71
5.14 服务设施 73
5.15 无障碍标识 74

6 无障碍规划及室外环境 77

6.1 规划前期的分析调研工作 78
6.2 无障碍规划体系包括的要素 78

7 无障碍的起居生活 93

7.1 概述 93
7.2 不同行为障碍者的无障碍设计要点 94
7.3 居住区道路 95
7.4 居住绿地 95
7.5 配套公共建筑 97
7.6 标识系统 98
7.7 居住建筑的公共空间 99
7.8 居住建筑的户内空间 100

8 无障碍的公共建筑 112

8.1 概述 112
8.2 公共建筑无障碍设计的共性 112
8.3 公共建筑无障碍设计的特性 114

9 从无障碍设计到通用设计 128

9.1 通用设计的原则 128
9.2 城市与建筑环境的通用设计 129
9.3 当今通用设计的难点与重点 136

9.4 各国通用设计的情况 139
9.5 通用设计与老年建筑 143
9.6 规范对比分析 147

10 国内外无障碍建设实录 156

10.1 国内无障碍建设 156
10.2 日本的无障碍建设 168
10.3 欧洲的无障碍建设 179
10.4 美国的无障碍建设 185

参考文献 207
作者介绍 208

1 无障碍设计历史回溯

1.1 基本情况

由于精神的、身体的和感觉上的损伤，世界上有5亿多的人患有残疾。无论他们生活在世界上的什么地方，他们的生活常常由于身体上的或社会上的障碍而受到限制；其中，大约80%的残疾人生活在发展中国家。

残疾人常常由于众人的偏见和无知而遭到歧视，而且往往难以获得基本的生活设施，这是一种“默无声息的危机”。不仅影响到残疾人自己和他们的家庭，而且影响到整个社会的经济和社会发展；因为，在这样的社会中，人类潜能的一个重要的资源库被忽视了。残疾往往是由于人类的活动而造成的，或者仅仅由于不小心而造成；因此，国际社会应该提供援助来结束这种“默无声息”的紧急情况。

无障碍环境不是一种行为或状态，而是指进入、接近、利用一种境遇或与之联系的选择自由。环境是想获得的境遇的全部或部分，如果通过提高无障碍环境的方法从而提供了参与机会的均等，那么就达到了平等的参与。

——联合国网站

自建立伊始，联合国一直在致力于提高残疾人的地位，改善他们的生活。联合国对残疾福利和权利的关注基于该组织的成立宗旨，即倡导全人类的人权、基本自由和平等。正如《联合国宪章》、《世界人权宣言》、《国际人权盟约》及其他相关人权规范所确认的，残疾人和其他人一样拥有在平等的基础上行使他们的公民、政治、社会和文化权的权利。

在联合国各级组织的多年推动下，世界各国将无障碍建设作为人权建设的重要组成部分，在20世纪取得了卓越的成就。

根据2006年全国第二次残疾人抽样调查，中国全国总人口的6.34%为各类残疾人，计8296万人，残障程度有别，对自己及家庭的生活也带来了程度不同的影响。涉及7050万户家庭，全国约有2.6亿人与残疾人直接生活在一起。老年人1.4亿，涉及更多的家庭。所以,“无障碍”已经不是关乎少数特殊群体的事,而是几乎和我们每个人都息息相关的事,从一生去看，它关系到我们每一个人的福祉。

2011年5月，中国残疾人联合会公布了其牵头制定的国家标准《残疾人残疾分类和分级》，在其中将残疾分为视力残疾、听力残疾、言语残疾、肢体残疾、智力残疾、精神残疾和多重残疾七个类别。各类残疾按残疾程度分为四级，残疾一级、残疾二级、残疾三级和残疾四级。残疾一级为极重度，残疾二级为重度，残疾三级为中度，残疾四级为轻度。

根据2006年的抽样调查，在我国残疾人中肢体残疾、听力残疾、多重残疾、视力残疾为多，其中肢体残疾者占30%左右，听力和视力残疾者占30%左右。

现状情况，我国的残疾人以老人为主，60岁以上者超过一半，居住在农村的残疾人占到75%，根据学者郑功成的说法“我国残疾人不仅规模庞大、结构复杂，而且老年人居多、农村居多、文盲多、重度残疾人多，这些特点恰恰客观地反映了残疾人群体对社会保障的巨大需求。”① 但随着社会的发展,因为后天的原因致残的情况占据的比例将越来越大，比如年老、交通事故、灾害、疾病等，人群会更加复杂，各行各业、各种教育程度，也带来了更多参与的可能性。

近几十年，不但西方社会，像中国这样的发展中国家也逐渐步入“老人化社会”。根据国家老龄委公布的数据，2011年年底，我国60岁以上老年人口已达1.85亿，占总人口的13.7%。而预计到2013年年底，我国老年人口数超过2亿，而且以后将平均每年增加1000万老年人。这样的一个老龄化社会，对城市和建筑的无障碍要求越来越强烈。

1.2 国外无障碍建设概述

20世纪初，西方国家由于战乱产生了大批的残障者，发达国家的无障碍工作因此开始，北欧各国和美国是较早开始进行无障碍建设的国家。20世纪30年代在这些国家已经开始建设方便残障人士出行的设施，随后逐渐在世界范围内达成共识。第二次世界大战之后，一方面大量的残疾退伍军人出现，另一方面对于纳粹把人分为“值得活”和“不值得活”的反思，大多数国家确立了“人的尊严不可侵犯”的普适价值观。

上述价值观的具体诠释即：一个标榜人文关怀的社会应该是支持所有人群共同生活的社会，残疾人的需求应该纳入社会建设的考量范围。社会的各个层面推动了这一理念的贯彻，民间为人权机构、非营利机构、研究团体等，是他们的努力使得社会民众达成高度的共识，并促使相关立法的出台。这个过程历经不到百年，对于残疾人这个社会人群的理解也在不断变化中，由早期的反歧视发展到救助再发展到平等参与。发展到现在，社会的观念由视残疾人为被动接受帮助的角色，转变为认为为他们提供公平的参与社会的环境是全社会的责任，参与和共享、社会融入成为一致的目标，这无疑是非常大的进步。

1.2.1 国外的立法

立法是权利保障的基础，多数国家针对无障碍环境的建设建立了多层立法的保证。在国际社会中，联合国的宗旨为倡导全人类的人权、基本自由和平等，对残疾人福利和权利的关注是其中重要的组成部分。在《联合国宪章》、《世界人权宣言》、《国际人权盟约》及其他相关人权规范中均确认，残障人士和正常人一样拥有在平等的基础上行使他们的公民、

① 郑功成．中国残疾人社会保障现状及发展思路．“残疾歧视条例”——十年努力开拓未来研讨会．

政治、社会和文化权的权利。联合国1982年通过了《关于残疾人的世界行动纲领》(《世界残疾人行动方案》)，1993年通过了《残疾人机会均等标准规则》，世界各国元首和政府首脑2000年9月8日在联合国千年首脑会议上通过的《联合国千年宣言》，强调必须促进和保护残疾人所有人权和基本自由的充分享受，并认识到必须在实施联合国各次主要会议和首脑会议的成果时考虑到残疾观点，以实现国际上商定的各项发展目标，包括《联合国千年宣言》中所载目标。2007年联合国签署的《残疾人权利公约》是首个面对192个成员国的有关残疾人权利的国际协议。《关于残疾人的世界行动纲领》、《残疾人机会均等标准规则》、《残疾人权利协议》为联合国保障残疾人权利的三项支柱性文件。

1. 欧洲立法

以1953年生效的《欧洲人权公约》(EMRK)及之后的《欧洲社会公约》(ESC)为前期准备和来源，在欧洲各国达成了这样的共识，即：为了保障残疾人能有效行使其独立权利，政府和社会有义务提供相应的服务、培训、就业保障及无障碍环境。1959年，欧洲议会通过了“方便残疾人使用的公共建筑设计及建设的决议”。

依此共识，欧盟各成员国都单独设定自身的相关法律保障体系，其共同特点是，不是通过一个孤立的法律规定而是在不同的法律领域内都包含了为残疾人设计的法律条文，其数量十分可观。自20世纪90年代以来欧洲的法律观念开始发生转变，残疾人不再被视为救助的对象，而是作为平等的公民来对待，无障碍环境的建设不是一种“施予”的关系，而是提供公平环境的责任。2002年3月，在马德里的欧洲残疾人代表大会上，颁布了名为《无歧视加积极行动造就社会接纳》的马德里声明，说明了这个历史性的进步。

在这些基础性法律的支撑下，各国制定详细的规范，如20世纪80年代英国颁布了《保障残障者利益的建筑设备和使用》的规范，丹麦制定了《残障者住宅法》，20世纪90年代瑞典公布了《以功能残障者为对象的辅助和服务法》等，而且仍在不断的充实完善中。

2. 美国立法

第一次世界大战结束后，美国国会为残废军人制定了一项特别的职业康复法案——美国《职业康复法》，这是世界上第一部专门针对残疾人就业的法律。1961年美国制定了世界上第一个无障碍设计标准，随后设计了一些相关的法律文件，如1968年的《建筑无障碍条例》，1973年的《康复法》，至1975年，美国共颁布了175部专门针对残疾人的联邦法律，建立了带有一定强制性的完整的法律保证。在美国，所有联邦政府投资的项目，必须满足无障碍设计的要求。1986年美国国会又制定法律，通过税收优惠来鼓励全社会进行无障碍环境的建设。

1990年公布的《美国残疾人法》(ADA)是近年来标志性的民权法律，此法案在国际上产生了巨大的影响，有超过40个国家在立法中采用了此法案的一些表述。甚至联合国《残疾人权利协议》也采用了其中的条款。《美国残疾人法》与《电信法》、《公平住房法》、《航空运输无障碍法》、《老年人与残疾人投票无障碍法》、《全国选民登记法》、《残疾人教育法》、《康复法》、《建筑无障碍法》等共同为美国的残疾人提供了多层次的保障。

3. 日本立法

残疾人在日语中即为“障碍者”。日本于1970年颁布的《障碍者基本法》为该领域具有统领意义的法律。并以《身体障碍者福利法》(1949年)、《智力障碍者福利法》(1960年)、《精神保健及精神障碍者福利法》(1950年)构成三大支柱福利法。此外，还出台了一系列关于医疗、福利用具、辅助犬等方面的法律，其中《关于促进高龄者、身体障碍者等能够顺利利用特定建筑物的建筑之法律》(1994年)是针对无障碍建筑环境的法律。而且每一幢建筑物竣工时，有专门部门验收其是否符合老年人和残疾人的无障碍设计。

2005年颁布的《障碍者自立支援法》标志着日本的残疾人保障的法制由福利立法转入综合立法，确立了残疾人自立和参加社会活动的保障。

1.2.2 国外无障碍建设的情况

以立法为依据，各国的建筑行业规范对无障碍环境的实施提供了准绳。除上述介绍的国家外，澳大利亚制定了强制性的建筑规范，而与该规范相关联的系列标准之一就是关于无障碍设计的标准(AS1428：1-5)。政府部门的建筑全部采用该强制性标准。韩国、马来西亚等国家都通过立法和制定标准规范实现为残疾人提供居住、出行和参与社会活动等的无障碍需要。

但在大多数国家，建筑规范多是参考性的，在目标明确的前提下，设计师在工作中具有较大的灵活性。笔者曾经问过一个美国建筑师，“你是否根据相关规范来进行无障碍的设计”，他告诉我说“我会参考规范，但真正约束我的，是使用者有可能根据法律提出的诉讼”。一些国家在规范中对新建的公共建筑进行了强制性规定，其他的建筑如居住建筑等，做到什么程度的主导权在建设者手中。在严格的法制控制下，一些城市的机构或建筑的业主会委托专业的机构对环境做名为access audit的无障碍评估工作，以作为进一步改善的依据。比如在英国，《残疾歧视法案》(DDA)是强制性的法律，很多业主不知道自己是否满足了此法律，那么就出现了一些专业的机构，进行评估，并提供能够更经济、有效地使新旧建筑达到法律要求的方案(accessibility report)，这个工作往往是无障碍改造和建设的第一步。

在一些国家如英国，已经开始尝试用规划过程控制的方式来推动实施无障碍建设，城市和乡村的管理者们已经意识到，在这个过程中残疾人的参与非常重要。相对法规控制，规划控制能够更有针对性、实操性，是法规控制的有效补充。规划部门在过程中能够起到协调、组织、审批的作用，是有效实施的保障力量。具体的工作方式是，规划部门提供一种公众参与规划、决策的形式，成员包括地方政府、业主、残障人士、民间组织等，其中有一个角色称作“无障碍官员(access officer)”，他们视察现场、与当地残障人士团体组织讨论会，就城市中新建和改建建筑问题，在残障人士与设计者和议会成员之间充当了协调者的角色，并对设计导则提出建议和补充，与规划互相参照。

城市的无障碍环境，包括规划、设计、建设和使用四个环节，其中使用环节往往是我国城市最易失控的环节，是现代城市管理面临的新问题。民众用法律维护人权的意识和良好的法制环境是关键。例如残疾人停车位，如何保证不被侵占？在美国，由残疾人向各州政府的交管部门申领一个带有轮椅标志的停车卡或者车牌照。假如没有停车卡或者车牌照的车辆占用了残疾人停车位，交管部门会对其处以一定数额的罚款，有的还会将车拖走，车主除了交纳罚金，还得交一笔拖车费。

在城市中，出行交通、室外环境、室内环境、信息环境——各种无障碍设施布局系统化，并与建筑的整体概念、造型协调统一，这是城市生活品质的要求，也是我们共同工作的目标。这方面往往发达国家做得要更好一些，有很好的经验可借鉴。在发达国家，公共场所的无障碍基本没有问题了，最普通的公共交通都有无障碍设施，个案的研究和解决是现在重点关注的问题，另外还有一些难点问题比如名胜古迹的无障碍参观、公共集合住宅的无障碍问题等，这些问题在世界范围内带有一定的共性，发达国家的开拓性研究和实践可以起到很好的借鉴作用。在很多国家，无障碍的深化研究是由政府部门推进的，比如 2010 年印度政府委托 MONASH 大学开展了名为“残疾人学校的安全、无障碍的交通环境”研究，以 2 个学校为例理清残疾儿童的行动障碍、指导无障碍评估工作，给环境的改进提供路线图。

系统和细节是无障碍的两个关键词，而这两者又是关联的。“比如在德国一家大型全国连锁商场考弗霍夫百货店内，其五个楼层，每层都设有至少两个残疾人专用更衣室。残疾人专用更衣室都设在更衣区的第一间，残疾人驾轮椅不转向就可进入。它的高与一般更衣室无异，但宽都达到 1.4m，是前者的两倍。门是宽阔的推拉门，有左右两扇。底部和上部都留有 20cm 左右的空隙。残疾人更衣室内可以使轮椅 360° 转动。更衣室外设有两面可以转动方向的大镜子，方便残疾人看前后试衣情况。同时，室内墙上还设有轮椅固定器与防滑扶手，这样方便他们借助扶手，‘站’起来试衣。德国联邦福利局官员迪特马尔告诉记者，设置残疾人更衣室在德国已成惯例，小商场如果更衣室少于两个，可设两用更衣室。”（资料来源：《生命时报》）

残疾人更多的时间在社区内生活，第一步是社区要提供基本的生活服务的无障碍条件，比如购物、金融等，而在住所就近的社区能够有文体活动的场所，对提升他们的生活品质非常重要。“在英国的威尔士，每一个地区都设有供残疾人专用的体育设施。目前，在威尔士经常锻炼的残疾人就有 70 万人，而在 10 年前，只有 1000 人。据当地一位负责残疾人运动的官员称，3 年前，必须坐轮椅的残疾人士在整个威尔士北部都找不到可以锻炼的地方，但是现在已经有 5 ～ 6 家健身俱乐部可以提供轮椅篮球、网球、羽毛球、射击等项目了，有些俱乐部还为残疾人士开辟了专门的健身室。”（资料来源：《广州日报》）

大多数发达国家的无障碍环境建设已在科研与教育的领域取得了丰硕的成果，建立了完备的体系。许多高等院校建筑系已专门设立无障碍设计技术课程，作为必须训练的一项基本功；各国注册建筑师的考试和继续教育中无障碍设计是必备的组成部分；相关研究和人文科学、人体工程学、设备研发等紧密联系，拓展到不同的分支领域。

愈发达、文明程度愈高的地方，残疾者的社会地位愈高。良好的教育和就业保障使得他们有机会充分发挥才能，提升社会地位，甚至跻身社会精英阶层，更大程度地参与、影响政府的决策和政策的制定，构成了一个良性的循环。

在这样的大背景下，很多城市在近二三十年集中进行了无障碍环境的改造。例如1992年～2007年，德国首都柏林市实施了15年的"柏林无障碍"计划。此计划的契机是申办2000年的奥运会和残奥会，后来虽然申奥失败，但柏林市还是继续实施了这一计划。他们修改了《柏林建筑条例》，规定所有公共建筑都必须实施无障碍。并明确由柏林市残疾人事务专员来全面协调柏林市残疾人事务，他们参与重点公共建筑规划和建设的过程，提出建议和要求。柏林130个城铁站中已有80个实现了"无障碍通行"，170个地铁站中有70个也达到了这一目标，这在德国各城市中是领先水平。2004年以来，"柏林无障碍标志"行动启动，规定符合相关标准的公共建筑可以申领、张贴该标志。

目前，信息无障碍建设也越来越被世界所关注，已有多个国家和地区对信息无障碍制定了相关的法律和规范。从2002年5月1日起，德国《无障碍信息技术条例》正式生效，该条例规定所有联邦机构都有义务将其网页进行无障碍设计，所有州都应出台相应的州管理条例，以规定各州及地方机构的无障碍网站义务。2002年《琵琶湖千年行动纲要》明确提出了信息通信无障碍，如何帮助特殊需要的人士自由便捷地获取有用的信息成为了无障碍技术研究、环境建设和立法的焦点。

尽管在过去的几十年，城市无障碍环境已经发生了本质的变化，但在人类愈来愈提升的人道理想的指引下，整个社会还在不断反思，观念仍在变化。比如2000年以前，瑞典将生活无法自理的残疾人集中安排生活在疗养院里，由专人照顾，但是当时有人提出，这种做法是将残疾人从健全人社会中隔离了。2000年以后，瑞典政府进行了改变，将重症残疾人以5～6人编为一个小组，固定护理人员，目的是使这些残疾人过上"家庭生活"。

获得作为一个独立的人的尊重，是残障人士应有的权利，在以"互相服务"为基本特征的现代社会中，无障碍环境的建设已经成为社会义务，也是社会性的事业，是一个已经构成完整系统的大的事业的一部分，这个大事业的外延越来越广，收益的人群也在扩大，包括了老年人、儿童、病患者，西方发达国家在这方面走在我们前面，因此对于我们具有很大的借鉴、学习价值。

1.3 中国无障碍建设概述

我国的无障碍设施建设起步较晚，1984年3月，中国残疾人福利基金会成立后，着手推动残疾人"平等·参与"的社会环境工作。1985年，北京市建筑设计研究院在中国康复研究中心的工程设计项目中，第一次在设计中接触到"无障碍"的概念。1985年3月，中国残疾人福利基金会、北京市残疾人协会与北京市建筑设计研究院联合成立了"残疾人与社会环境研究会"。同年4月，北京市人大和政协的代表提出了"为残疾人需求的特殊设置建设"的提案和建议。1985年北京市以王府井、东单地区为试点开始了城市的无障碍改造，到 2010 年，经过 25 年的积累，北京市的无障碍环境已经形成了在规划指导下的系统化布局。

1989 年，我国的第一部《方便残疾人使用的城市道路和建筑物设计规范（试行）》颁布。可以说，我国无障碍环境的建设是从无障碍设计规范的提出与制定开始的，该规范经过 2 次修改后，在 2012 年由行业标准升级为国家标准，成为在全国范围实施的强制性规范。

与此同时，残疾人事业的法制建设也开始起步，1990 年国家颁布了《中华人民共和国残疾人保障法》，1996 年颁布了《中华人民共和国老年人权益保障法》，以及在“八五”至“十一五”计划中都将残疾人工作纳入其中。到现在我国约有涉及残疾人权益保障的法律 50 多部，同时，各省、自治区、直辖市也先后制定了本地区的残疾人保障法实施办法和其他保障残疾人权益的法规，形成了以宪法为依据，以刑事、民事、诉讼等法律为基础，以残疾人保障法为核心，以行政法规、地方法规为支撑的保障残疾人权益的法律体系。

我国对于无障碍的建设，由一般行业性规范和标准的制约，逐步过渡到进行法制上的管理和监督。由国务院制定并颁布的《无障碍环境建设条例》（中华人民共和国国务院令第 622 号）于 2012 年 8 月 1 日起正式实施。条例中将无障碍设施的建设导向无障碍环境的建设，并形成系统性建设，重视无障碍信息交流的建设与无障碍社区建设，强调加强无障碍设施的管理与监督，这是我国历史上第一部无障碍管理的专项法规。

在法规的制度保障下，在政府的推动下，北京、深圳、哈尔滨、广州、上海等较发达的城市率先开始了城市的无障碍环境建设。经过近 20 年的建设，国内在无障碍环境建设方面取得了很大的成就。2005 年，北京、天津、上海、大连、青岛、南京、杭州、厦门、广州、西安、苏州、秦皇岛成为首批 12 个创建全国无障碍设施建设示范城市。之后，一些大型的国际活动，比如 2007 年的上海世界特殊奥林匹克运动会和 2008 年北京残疾人奥林匹克运动会等，使我国更加重视对无障碍环境体系的规划建设。但是，目前对于无障碍环境建设的行业规范和技术指导还是仅仅局限在市政道路设施与建筑物上，对于具体的区域型无障碍环境规划和社区无障碍环境规划缺乏完善的规定、深入的研究以及值得推广的案例；建筑师大多还未主动地将“无障碍”纳入整体设计思路，而是被动地响应规范；许多已建成的无障碍设施因为管理等原因可利用率较低；全国各地的建设水平差距比较大，尤其中小城镇严重滞后于我国的无障碍规划。

现在，很多的商业和公共建筑都考虑了轮椅使用者，但很少有建筑能在设计上为感官受损的人士提供安全、方便的导引，更不要说在空间中关注和照顾到残疾人的自得和自信了。当前，无障碍的交通在城市里还非常不成系统。住宅问题更多，大部分住宅都不能为残障人士提供能够独立地、便利地生活的条件。

这些问题都和我国残障人士多处于社会底层有关。但根本在于，我们的设计往往并不在意最终的使用者，或者在设计者脑中的使用者是模式化的、概念化的，比如住宅，模式就很单一，现在其实已经有非常多的老人空巢家庭、甚至寡居老人的家庭、有长期病患的家庭都缺乏设计上的关照。

所以，对于我们生活环境无障碍的研究和设计要重视物理环境的建设和人的日常独立的生活的联系，否则，即便一堆无障碍设施放在那儿，也只是个样子货。

近些年来，尽管需求越来越迫切，政府也很重视，但国内的环境与建筑的设计大多仍陷于被动地满足无障碍规范要求的程度，主动地进行人性化的设计还非常少。无障碍设计往往引自图集，千篇一律，而且国内相关产品也不太成熟。所以说，我国对于无障碍环境建设的推动虽然在国际社会中取得了很好的口碑，但在系统性和精细化方面和发达国家还有相当大的差距。

1.4 无障碍环境建设整体理念的发展

2002 年，联合国亚太经社会（ESCAP）《琵琶湖千年行动钢要》通过了一个名为“推动 21 世纪为亚洲及太平洋残疾人努力缔造一个包容、无障碍和以权利为本的社会”的决议，“包容、无障碍和以权利为本”概括了我们无障碍环境建设的终极目标。

包容、无障碍和以权利为本也概括了对待残障人士的观念模式的变化，对此学界较普遍的观点有二。一种将对待残障人士的观念模式分为医疗模式和社会模式，另一种是在这两种模式之后又加了一个权利模式。所谓“医疗模式”即将残疾人作为被救助的群体从社会普通人群中划分出来，将之列为“特殊人群”，他们与社会的关系是单纯地消耗社会积累，是需要社会救济的对象。所以在这种观念模式下，他们被“隔离照顾”，被隔离于特殊的“福利院”、“残障学校”、“残障工厂”等，因为这样做相对社会成本是最低的。

“社会模式”不再认同绝对区别的存在，“而对人类自身生命进程认知的深入也使人们认识到每个社会个体都有不同的能力限制，在不同的生命时期、不同的场合可能遇到与残障人士一样或类似的障碍，自始至终的正常人是不存在的。因此，无障碍环境建设消除的不仅仅是阻碍残障人士参与社会生活的障碍，更是为社会所有成员创造一个在人生不同生命阶段都能自由活动、交流的社会环境和生存空间。”① 社会观念的变化、生活方式的改变、技术的发展也促进了残障人士融入社会的可能。正是“社会模式”支撑了“无障碍环境”建设的必要。

关于“权利模式”，部分学者认为其为“社会模式”的延续，而笔者认为在时间顺序上它应在“社会模式”之前。残障人士享有平等的权利，这是支持他们融入社会的价值基础，这种融合包括参与立法、参与社会事务、享用社会资源以及承担义务。

社会模式与权利模式从本质上是一致的，反映了一种从“被施予者”到“权利主体”的根本变化，“残障存在与否及其程度要看一个人的社会角色和活动是否或者在多大程度上受到限制，而不是简单地观察其生理和心理状态如何。”②

无障碍环境的建设以物理的设施建设为起步，扩展到信息交流无障碍和城市管理体系层面，1993 年 12 月联合国《残疾人机会均等标准规则》中提出，各国除应采取行动方案，

① 潘海啸，熊锦云，刘冰．无障碍环境建设整体理念发展趋势分析 [J]. 城市规划学刊，2007（2）.
② 潘海啸，熊锦云，刘冰．无障碍环境建设整体理念发展趋势分析 [J]. 城市规划学刊，2007（2）.

使物质环境实现无障碍外，还应采取措施，在提供信息和交流方面实现无障碍。

现在，在无障碍环境设计的方法和原则方面，正经历着四个较大的变化。

(1) 从以肢残人士为主要对象的可达性（accessible）设计发展到通用设计。

(2) 从标准化设计发展到个性化、创造性的设计。

(3) 从以体验为基础的经验性设计发展到以研究为基础的系统性设计。

(4) 从"单向型"设计发展到"互动型"设计。

1.5 无障碍设计标准

世界上的大部分国家都建立了自己的无障碍设计标准体系。联合国亚太经社会发布的《建立残疾人无障碍物质环境导则及事例》中，列出的"推荐性设计技术标准"是参考美国、加拿大、欧洲、英国、澳大利亚、日本、新加坡、马来西亚等国家和地区关于无障碍的法规、标准规范、导则或技术手册完成的，内容覆盖了道路、公共交通、公共设施、住宅、电信等范围，具有比较大的参考价值，该标准属于通用性的标准。

还有一些比较专用的标准，如国际残疾人奥林匹克委员会提出的《国际残疾人奥林匹克运动会场馆技术手册》（2005 年 12 月版），是一本专门针对竞赛场馆，尤其是残奥会场馆无障碍建设的全面、详细的技术要求，这对我国 2008 年奥运会建设残奥会场馆起到了很好的指导作用。

2 残疾与障碍

人类社会对残疾的理解经历了从“个体型残疾”到“社会型残疾”的转变。个体型残疾的概念认为，残疾的问题是直接地由个体的问题带来的，包括病痛、障碍、心理的消极状态等，改变他们的生存状况就是要改变他们的身体和心理。而社会型残疾的观点由关注残疾人身上的限制，转而关注环境给特定人群带来的限制。社会型残疾的观点，无疑是城市进行无障碍环境建设的基础，简单地说，要对全社会进行调整，以适应残疾人的需求，而不是残疾人调整来适应这个社会。社会的这个调整带有一定的强制性，通过立法进行保证。

一个典型的社会型残疾的观点如：“身体损伤者反对隔离联合会”（UPIAS）在 1976 年发表的声明中指出，身体损伤和残疾是不同的，残疾是“由于现今的社会组织不顾或很少顾及身体有损伤者的情况而把他们排除在社会活动的主流之外，从而迫使他们不便于活动或是活动受到限制。”①

从社会学的角度，对于残疾有以下三个方面的考虑：

一是关于残疾的一般性的社会概念；二是关于残疾人的权威的专业性定义；三是残疾人在社会现实中的生活状况。

“残疾（功能减弱或丧失）是人类的一种生存状态，几乎每个人在生命的某一阶段都有暂时或永久的损伤，而步入老龄的人将经历不断增加的功能障碍。残疾是复杂的，为了克服残疾带来的不利情况而采取的各种干预措施也是多样的和系统的，并且会随着情景的变化而变化。”②

英文中，和残疾相关的有三个词汇：

Impairment：损伤，指生理和心理上的不正常；

Disability：残疾，指能力缺乏；

Handicap：残障，指障碍的状态。

可以说障碍是绝对的，因为没有任何一个人是能适应任何环境的。但在某个具体的情况下是否构成障碍，是由身体因素、活动因素与环境因素这三者共同决定的。2001 年世界卫生组织正式颁布的《国际功能、残疾和健康分类》（ICF），按照身体功能和结构、活动及参与两个方面，把人所处的健康状况系统性地分组到不同领域。当然，环境因素包含的内容也很广泛，包括了自然环境、城市物质化环境、人文与服务的环境、用品与技术等，

---

① （英）迈克·奥利弗，鲍勃·萨佩著．残疾人社会工作 [M]. 高巍，尹明译．北京：中国人民大学出版社，2009.

② 世界卫生组织，世界银行．世界残疾报告 [R]，2011:1-325.

本书所说的无障碍环境主要是指城市物质化的环境，在城市中为尽量不同的身体状况的人提供更多的活动与参与的可能性。我们说的无障碍是能够“没有障碍”地使用城市和建筑环境提供的功能，比如道路是通行的、是为了从一个地点到达另一个地点，那就要保证“无障碍”地可到达。

在《国际功能、残疾和健康分类》中将人的活动分为九个方面：

（1）学习和应用知识。

（2）一般任务与要求。

（3）交流。

（4）活动。

（5）自理。

（6）家庭生活。

（7）人际交往和联系。

（8）主要活动领域。

（9）社区、社会和公民生活。

生理自理的程度是测量残障程度的重要指标，而其他八个方面的活动能力衡量了“障碍”的程度。在生活自理方面，最重要的活动为 1. 上厕所；2. 饮食；3. 扣纽扣、拉拉链。其余还包括能上下床、盥洗、穿衣及鞋袜等，这些活动如果能够自理，或者依靠辅助器具自理，则基本上一个残疾人能够在一个提供良好的家居和城市无障碍的环境中，独立而有尊严地生活，大部分时间他们是无须别人的帮助的。

环境中的障碍可能是固有的，比如路牙、台阶，也可能是活动的，如小贩、违章停车，还可能是施工的问题或市政或物业管理的问题（表 2-1）。

行为不便者的环境行为特征及对物质环境的诉求[①] 表2-1

行动不便者类别	障碍特征	辅助方式	环境行为特征	对物质环境的诉求
残疾人	视觉障碍	导盲犬	外出时辅助导向	较大的空间维度
		盲杖	移动时辅助导向	提供触感导向信息
		盲文图	通过触摸获得信息	提供触感信息
		语音提示	通过听觉获得信息	提供语音信息
	听觉障碍	助听器或扩音器	帮助声音放大	提供更多的听觉信息
		手语辅助人员	通过肢体语言获得信息	提供播放手语信息的视频，或现场安排手语辅助人员
		振动提示装置	通过触觉感知信息	提供触感信息
		文字或图示	通过视觉获得信息	提供标识

① 参照王臻《平乐古镇无障碍环境规划设计研究》，经笔者补充修改。

续表

行动不便者类别	障碍特征	辅助方式	环境行为特征	对物质环境的诉求
残疾人	言语障碍	手语辅助人员	通过肢体语言获得信息	提供播放手语信息的视频，或现场安排手语辅助人员
		书写工具	通过书写交流沟通	提供书写工具
	肢体残障	轮椅	依靠转动轮椅辅助移动	较大的空间维度，较缓的坡道，减少障碍物
		拐杖	通过一定角度的支撑辅助移动	减少障碍物
老年人	行动迟缓、记忆力衰退、生理机能退化	辅助人员	移动时需要辅助	较大的空间维度
	听觉衰退	助听器或扩音器	帮助声音放大	提供更多的听觉信息
	体力和行动能力衰退	轮椅	依靠转动轮椅辅助移动	较大的空间维度，减少障碍物，较缓的坡道
		拐杖	通过一定角度的支撑辅助移动	较大的空间维度，减少障碍物
孕妇	行动不便	辅助人员	移动时需要辅助，自主活动时较迟缓	较大的空间维度，减少障碍物
幼儿	需借助婴儿车代步，缺乏环境认知能力	推车者，看护者	移动时需要辅助	较大的空间维度，减少障碍物，较缓的坡道
儿童	行走步幅小，缺乏环境认知能力	看护者	移动时需要辅助	较大的空间维度，减少障碍物，避免相应人体尺度上的环境伤害

身体障碍的辅助实际上是寻找改善和替代模式。随着科技的进步，越来越多的设备和辅具进入残疾人的生活，从人体的功能上减缓障碍。残疾人的辅助技术包括设备和服务，以改善残障人士因为身体原因而面临的问题。辅助技术设备即是“辅具”，是一个产品或系统，可以购买、改造或定制。而辅助技术服务包括辅具支配服务和供应服务。这些辅助技术可以说是残障人士进入社会的“媒介和工具”。

辅具为残疾人的功能代偿器具，英文名为 technical aids，辅具方面主要的标准有国际标准《Technical Aids for Disabled Persons Classification》（ISO9999：1992）、国家标准《残疾人辅助器具 分类与术语》（GB/T 16432—2004）。

假肢和拐杖是最原始的辅具之一，随着时代的发展，辅具的科技含量越来越大，其对残疾人和老年人发挥的功能代偿性也越来越大。辅具又可分为辅助技术和辅助器具，前者包括假肢、矫形、康复技术、保健护理系统等，涉及医学、工程学、材料等学科的前沿性技术的整合，最先进的技术研究成果应用于康复产品上，会出现肌电假肢等高科技的、仿生的辅助技术。辅助器具是为补偿残疾人的肢体器官功能、辅助他们的生活或者生产劳动的生活自助器具，如轮椅、助听器等。国家标准中，将 743 种辅具按照功能分为 11 个主类，135 个次类和 724 个支类。

日本的“福利用具”概念与之类似，包括六大类设备和辅具[①]，除了上面所说的“辅具”外，还包括一些日常生活的用具：

（1）广义辅助用具，其中又包括以方便日常生活为目的的自助工具，专业的残疾人辅具，以及大型的日常生活用具。

（2）护理、辅助、看护器具。

（3）休闲娱乐用器具。

（4）防止机能衰退的运动激动训练器。

（5）社会生活用具。

（6）无障碍的环境。

我们说无障碍环境，往往指城市的、建筑的环境，而产品和技术也是环境的因素，而且城市、环境的无障碍建设，也是与残疾人的辅助技术密不可分的。

2.1 视力残疾

我国的《残疾人残疾分类和分级》标准中，将视力残疾定义为：各种原因导致双眼视力低下并且不能矫正或双眼视野缩小，以致影响其日常生活和社会参与，视力残疾包括盲及低视力。

视觉障碍指视觉功能的下降或消失，表现为看远、近视力的降低，颜色分辨力的下降，对比度下降，视野丧失，对眩光敏感，难以适应光线的变化等。常见的导致视觉障碍的原因有：先天、疾病、外伤等，其中大部分人具有生活、工作和其他自主参与社会活动的能力。人类认识世界所需信息 70% 以上来自眼睛[②]，视力的障碍不但给日常的生活带来不便，造成巨大的工作限制，而且也由于信息获得的受阻而对精神生活造成巨大的影响。根据英国皇家国立盲人研究所（the royal national institute for the blinds）的研究，有视觉障碍的人士活动范围很窄，多限于家中或很近的范围。

如果能有相关无障碍的环境和设施的保障，他们的生活领域和职业领域是可以被大大地拓宽的，他们不但可以和常人一般地生活，甚至可以承担更多的社会责任和义务。

根据 2006 年全国第二次残疾人抽样调查，我国有视力残疾者 1233 万人，占残疾人总数的 14.86%，其中盲人约 500 万。

对于视觉障碍者，辅助器具是非常重要的改善或代偿视觉功能的工具，视觉障碍辅助器具分为视觉性和非视觉性器具两大类。视觉性辅助器具可以通过直接干预视觉的途径来提高视障者的视觉能力。其中，有利用光学原理的器具，有通过改善环境的色彩、色差等来加强视觉效果的器具；电子辅助器具可以通过摄影镜头将影像传送到屏幕上供使用者浏览。非视觉性助视器为利用听觉、触觉等其他功能来弥补视觉功能的缺陷的器具，如盲用

---

① 参照：日本建筑学会编 . 无障碍建筑设计资料集成 [Z]，2006.

② 赵瑛，王佳，柴新禹，任秋实 . 基于视神经刺激的神经刺激器设计与研究 [EB/OL]. http://www.cnki.net.

电话、发声钟表、盲杖、盲道、盲文、点显器、有声读物、读屏软件等。

2.1.1 障碍的分类

环境对视觉残疾人可能存在的障碍主要分类如下。

1. 安全障碍

对于视觉残疾人来讲，安全障碍又分为以下两种。

1）地面的不安全因素

地面的不安全因素包括障碍物、高差、过于光滑的地面材质等。

环境和建筑的主要交通流线是事故的高发区。楼梯间、卫生间容易发生滑倒；住宅入口、楼梯间、室外道路容易发生绊倒；厨房、室外道路容易发生碰撞；室外道路、住宅入口容易发生坠落砸伤。所以，要解决好视觉残疾人防坠、绊、滑和碰的问题。

在视觉残疾人行进空间范围中设置的外开门、消火栓、标识牌（杆）、拉线等会对视觉残疾人的行进带来很大的困扰或产生突发的情况。

室内高差及凸出物，如门槛、踏步、栏杆等功能性构造，应合理设计，并利用提示盲道尽量减少对视觉残疾人的影响。

对于盲人来讲，其脚前端在地板上所施加的水平分力对防止滑倒更具有重要性，当水平分力小于鞋底与地面间的摩擦力时就不会滑倒，摩擦力取决于人体重量和地面材料的摩擦系数。根据经验，地面材料的摩擦系数大于0.42时，一般不会发生滑倒现象。

2）空中的不安全因素

空中的不安全因素指在地面以上头顶以下的障碍物，比地面的障碍物具有更大的危险性，因为地面障碍物还可以通过盲杖触到。要尽量避免空中的障碍物，如果无法避免，比如楼梯、自动扶梯的下部等就要悬挂活动的挡牌或安置阻挡人进入的设施以起到警示作用。

2. 认知障碍

包括过于复杂的交通流线、缺乏针对视觉残疾人的必要的环境提示，或环境中提供的导向、警戒文字、图形的大小、形状、亮度、对比度色彩组合不能达到所需的可见度。

2.1.2 辅助信息工具

视觉丧失，往往其他的感觉会较常人灵敏以弥补，辅助工具包括假眼、眼镜及辅助信息工具，针对视觉残疾人的辅助信息工具包括以下方面。

1. 音响信息

提示音音响，如经常在城市中采用的路口倒计时音响。有视力障碍的出行者可以通过提示音长短和频率的变化，判断绿灯或者红灯的显示信息，根据提示音的提示安全通过路口。

语音提示音响，包括公交车上的语音报站提示系统、电梯中的语音提示音响、扶梯起终点的提示音响、园区及建筑出入口的提示音响等。

无障碍的应急呼叫服务平台，针对视力残障人士可提供可视电话及网络服务。

音响信息中很重要的一点是警示信号音响，它提供最基本的安全保障，包括火灾警报、场地安全警示等，必须同时具备语音和视觉的功能。

2. 触觉信息

1）盲杖

盲杖是视觉障碍者最重要的工具，就仿佛他们的眼睛。盲杖的实质是将盲人的手臂触觉延长，使盲人能了解自己身体周围地面的情况。盲杖虽然具有多种形式，但基本上是由腕带、手柄、杖体和杖尖四个部分所构成。根据1964年在美国通过的《国际白杖法》的规定，盲杖的杖体应是白色或银白色，并有统一规格的红色反光胶带缠裹杖体。随着技术的进步还出现了声光盲杖、超声波定位盲杖、智能导航盲杖等。

2）盲道

是带有表面凸起的地面材料，引导盲人行走。但最近关于盲道的铺设有比较大的争论，传统的盲道多多益善的观点受到挑战，一些人认为盲人出行依靠盲杖就够了，盲道并不必要，反而造成浪费。折中的观点是，在重点的盲人使用的交通路线铺设盲道，对已建成的盲道，要保证其有效地使用。

3）盲文

根据维基百科的定义“盲文或称点字、凸字，是盲人使用的文字，由法国人路易斯·布莱叶发明，透过点字板、点字机、点字打印机等在纸张上制作出不同组合的凸点而组成。一般每一个方块的点字是由六点排列而成，在电脑的使用范畴内，盲人可以配合点字显示机将屏幕上的文字即时转化成点字；而为了能表达ASCII的所有符号，故有增至八点的点字产生。”

3. 伴侣动物

导盲犬是专门为服务于盲人而训练的工作犬，他们服务于人类的不仅仅是他们敏锐的感觉能力，更是他们的忠诚。由于他们的陪伴，盲人的生活范围可以大大拓展，社会活动的安全性也会大大提高。更重要的是他们是盲人最亲近和信赖的朋友。

4. 盲人引导系统

这是个新鲜的事物，在一个场所提供系统性的盲人引导设施。

例如，2010年法国南部的圣让 - 德吕兹海滩正式开放成为世界上首个“盲人”无障碍海滩。因为安装了盲人引导系统，盲人第一次可以享受在大海中的畅游。这套系统主要分为两个部分，安装在浮标上的是方位感应器和语音系统，还有就是佩戴在盲人手腕上的手镯式寻呼器。需要时，盲人朋友只要按下寻呼器的按钮，就会触发相应浮标上的方位感应器，而后与其连通的语音系统就会提醒盲人游泳者海滩的方向，并告诉他们应该向哪边游。在圣让 - 德吕兹海滨，每间隔 50m 的海面就设置了一个安有方位感应器的浮标，整套系统共花费 25000 欧元。目前，法国南部的其他一些海滨也已打算引入这套系统，打造更多的盲人无障碍海滩。[①]

5. 更广泛的信息获取

借助于飞速发展的信息技术，盲人可获得越来越广泛的信息帮助，通过网络和有声读物，盲人不一定要学会盲文才能阅读，语音识别技术解决了书写的障碍。现在的电脑软、硬件已经给盲人提供了大量的便利，可以坐在家中和全世界交流。

2.1.3 弱视者

弱视者在视觉障碍者中占据了比较大的比例，而我们平时的设计中往往忽视他们的需求，他们的需求包括以下几类。

1. 安全性

使地面障碍物清楚，尽量减少台阶式高差，尤其 1 步台阶是很危险的，重要的疏散通路应保证充足的照明，通路上保证足够高度，尤其扶梯、楼梯下方要有安全挡牌。

2. 亮度及对比

标识、图形、出入口、障碍物等重要部位应采用较高亮度的色彩，与背景界限清晰，形成一定的对比。

3. 重要标识、文字的可辨识性

重要的标识及字体应在易于察觉的位置，且保证足够的大小，根据 Peters & Adams 公式，当字符高度与认视距离之间存在 $H=0.0022D+0.335$ 时，有利于弱视者辨认。公式中 H 为字符高度，D 为认视距离。而且文字应该尽量笔画简单。

2.2 听力残疾与言语残疾

一般情况下听力和言语的残疾往往联系在一起，即我们常常说的聋哑人。听力残疾者大多伴随着言语的障碍。

我国的《残疾人残疾分类和分级》标准中，将听力残疾定义为：各种原因导致双耳不同程度的永久性听力障碍，听不到或听不清周围环境声及言语声，以致影响其日常生活和社会参与。

---

① 中国残疾人服务网 http://bbs.cdpsn.org.cn/bbs.

听力障碍指听觉系统中的感音、传音以及听觉中枢发生器质性或功能性异常，而导致听力出现不同程度的减退。常见的导致听觉障碍的原因有：先天、疾病、外伤等，听力障碍对人的正常生活的影响并不非常严重，他们不需要辅助可以独自进行家居活动和出行，交流的障碍可以通过手势或书写克服。但听力和言语的障碍往往会在突发事件中，对报警、逃生、求助带来巨大影响，这是我们要特别注意的。

言语的残疾比较复杂，在我国的《残疾人残疾分类和分级》标准中，将言语残疾定义为：各种原因导致的不同程度的言语障碍，经治疗一年以上不愈或病程超过两年，而不能或难以进行正常的言语交流活动，以致影响其日常生活和社会参与。包括：失语、运动性构音障碍、器质性构音障碍、发声障碍、儿童言语发育迟滞、听力障碍所致的言语障碍、口吃等。

根据 2006 年全国第二次残疾人抽样调查，我国有听力残疾者 2004 万人，占残疾人总数的 24.16%；言语残疾者 127 万人，占残疾人总数的 1.53%。然而有更多的老年人也受到听力障碍的困扰。

2.2.1　障碍的分类

环境对听力与言语残疾人可能存在的主要障碍分类如下。

1. 安全障碍

对于听觉残疾人来讲，安全障碍主要在紧急和报警信号方面。

2. 视觉环境障碍

由于听觉残疾人更多地依赖视觉，所以他们的视觉更加容易疲劳，要尽量提供明晰、简单、舒适的视觉环境。

3. 噪声障碍

一方面中国有近四成听力残疾跟噪声伤害有关，另一方面很多听觉残疾人并没有全部失去听觉，仍存在残余听力，残余听力是发挥补偿作用的有利条件，但是对噪声有时会更加敏感，或者具有某些特征的声音对他们会构成噪声的伤害。

2.2.2　辅助信息工具

针对听力及言语障碍的辅助工具包括助听器、人工喉及辅助信息工具。

1. 手语

是聋哑人使用的交际工具，是他们在最自然的状态下习得的“第一语言”，相对而言，他们掌握口语和书面语都要经过专门的训练，因此，主流语言对他们来说属于“第二语言”。

2. 视觉提示

在场所中利用图案、颜色、简单的文字提供关于方向、位置、注意事项、主要空间布置等的信息。视觉提示不仅仅对于听力与言语残疾人是必要的，对于一般的大众也能提供便利。

3. 助听器

是一种供听障者使用的、补偿听力损失的小型扩音设备，现在常用的包括盒式、耳背式、定制式等。

4. 无线电遥控门铃及报警装置

这种装置仍用门铃的名称是因其能起到同样的作用，其实是一种无线电的发光设备或振动设备，作为报警装置时多为快速闪光。

5. 无障碍的应急呼叫服务平台

针对聋哑人群已经有短信和手语呼叫平台。

2.3 肢体残疾

我国的《残疾人残疾分类和分级》标准中，将肢体残疾定义为：人体运动系统的结构、功能损伤造成的四肢残缺或四肢、躯干麻痹（瘫痪）、畸形等导致人体运动功能不同程度丧失以及活动受限或参与的局限。

肢体残疾主要包括：

（1）上肢或下肢因伤、病或发育异常所致的缺失、畸形或功能障碍。

（2）脊柱因伤、病或发育异常所致的畸形或功能障碍。

（3）中枢、周围神经因伤、病或发育异常造成的躯干或四肢的功能障碍。

据 2006 年全国第二次残疾人抽样调查，我国有肢体残疾者 2412 万人，占残疾人总数的 29.07%。

2.3.1 障碍的分类

我们通常所说的“狭义”的无障碍即是针对下肢残疾的乘轮椅者说的。下肢残疾者的障碍主要是移动的障碍，上肢残疾者的障碍相对轻微，但也会对生活带来非常大的不便。环境对肢体残疾人可能存在的主要障碍分类如下。

1. 空间的障碍

这是对乘轮椅者的主要障碍，包括高差的障碍及空间尺寸的障碍。比较少的台阶，使用拐杖的残疾人士还可以应付，乘轮椅者只能用一定坡度的坡道来进行高差的过渡，能够

“爬楼梯”的轮椅还非常不普遍。针对楼梯，可以安设机械的升降台，但其效率要差很多。由于下肢残疾者使用拐杖、轮椅等辅具，其空间的通行宽度要比一般人宽。

2. 安全疏散的障碍

楼房的安全疏散主要依靠楼梯或坡道。一般建筑只在入口或首层有高差的部位设坡道，垂直交通一般依靠电梯，很少在各楼层间设置坡道。所以，下肢残疾者的楼房安全疏散一直是个无法很好地解决的问题。就目前来说，最有效的办法是设置避难区域，集中由救援人员协助疏散。

2.3.2 辅助工具

肢体残疾人的辅助工具包括拐杖、假肢、轮椅、矫形器、座位保持装置、站立架、步行器等。

1. 拐杖

拐杖适用于下肢肢力减弱的人群，是最古老的辅助行走的简单器械，也是现在老年人和残障人士最常用的辅具。拐杖的种类很多，包括腋下拐、肘拐、四角拐、直拐、手杖凳、登山拐等。不同的拐杖各有其特点，比如，腋下拐可以多档位调节高度；肘拐承重力比较大；四角拐下部带有支架，更加防滑、安全；手杖凳带有简易的座椅。新型的高科技材料适用在拐杖上，可增强稳定度，减少重量，减轻噪声。

2. 假肢

假肢是供截肢者使用以代偿缺损肢体部分功能的人造肢体，包括上肢假肢和下肢假肢，一般依部位不同划分更细的种类。而依功能划分，则分为功能性假肢和美容性假肢。一般的假肢是纯机械的，目前已经出现了智能假肢，通过微处理器，协助机械关节作出更恰当的细微动作。仿生控制信号研究的突破使得肌电信号用于假肢控制成为一种趋势。目前，医学工程界还在积极进行人造神经和人造肌肉的研究，截肢者有希望借助这些新科技，完全恢复肢体功能。

3. 轮椅

分为一般轮椅、电动轮椅、运动轮椅、特殊用轮椅等，适用于下肢残疾、偏瘫、胸以下截瘫者及行动不便的老人。特殊用轮椅包括：坐厕轮椅、助站轮椅、爬楼轮椅等。更易操作的电动轮椅一般具备人工操纵的控制器，已在发达国家逐渐普及。而俗称为“机器人轮椅”的智能轮椅具有视觉和口令导航功能，并可与人进行语言交互，成为下一步的发展趋势。

2.4 其他

2.4.1 智力残疾

我国的《残疾人残疾分类和分级》标准中，将智力残疾定义为：智力显著低于一般人水平，并伴有适应行为的障碍。此类残疾是由于神经系统结构、功能障碍，使个体活动和参与受到限制，需要环境提供全面、广泛、有限和间歇的支持。智力残疾包括在智力发育期间（18岁之前），由于各种有害因素导致的精神发育不全或智力迟滞；或者智力发育成熟以后，由于各种有害因素导致的智力损害或智力明显衰退。

2.4.2 精神残疾

我国的《残疾人残疾分类和分级》标准中，将精神残疾定义为：各类精神障碍持续一年以上未痊愈，由于存在认知、情感和行为障碍，以致影响其日常生活和社会参与。

2.4.3 多重残疾

我国的《残疾人残疾分类和分级》标准中，将多重残疾定义为：同时存在视力残疾、听力残疾、言语残疾、肢体残疾、智力残疾、精神残疾中的两种或两种以上的残疾。

2.4.4 老年痴呆

老年痴呆病人的症状是记忆力下降、性格改变、出现计算力、定向力和判断能力的障碍，或继发其他精神症状乃至自制力的丧失。

智力残疾和精神残疾的障碍，主要来自于残障人士对环境的认知能力的不足或偏差，残障的情况和程度也千差万别。从物理环境来讲，更多的安全保障、环境气氛平和、流线和空间简单，可为这类人士的生活提供更大的便利。

2.5 老年人

老年人不算作严格意义上的“残疾人”，但也是有“障碍”的人。老年人和残疾人最大的区别，在于残疾人多是身体局部部位的问题，失去功能或者严重的不适，而老年人是整体身体机能的退化，行动和反应能力也因之减弱。

老年人身心机能的退化包括智力的退化、感觉的退化、运动机能的退化、内脏器官的退化、体能的退化等，身体尺寸也在缩小。

因此，老年人面临的环境的障碍是全方位的，而且其涉及的人群和建筑类型也是全方位的，现在我国的无障碍设计对老年人的照顾还远远不够，需要结合通用设计的深入开展来深化整体性的无障碍环境的建设。关于通用设计，本书第9章给予了简要的论述。

3 《无障碍设计规范》综述

3.1 《无障碍设计规范》的编制背景和过程

追溯我国无障碍的建设，首先是从无障碍设计规范的提出与制定开始的。1989 年 4 月，我国第一部无障碍建设方面的规范《方便残疾人使用的城市道路和建筑物设计规范（试行）》正式颁布，这标志我国城市道路和建筑物实施无障碍建设和改造工作开始走上正轨。2000 年，由建设部、民政部和中国残联组织对其进行了修订，2001 年 8 月 1 日《城市道路与建筑物无障碍设计规范》（JGJ 50—2001）（以下简称《旧规范》）正式发布实施。这本规范执行数年间，对于我国的无障碍建设起到了重要的指导作用。但随着社会的发展和科技的进步，以及人们对无障碍的理念进一步加强，整个社会对于无障碍环境的要求也越来越高，这些都对于用来指导无障碍建设的无障碍设计规范提出了更高的要求。正是在这一背景之下，住房和城乡建设部标准定额司委托北京市建筑设计研究院作为主编单位组织相关单位和人员着手开展对《城市道路与建筑物无障碍设计规范》（JGJ 50—2001）的修编工作，修编后的规范定名为《无障碍设计规范》（以下简称《规范》），并由原来的行业标准升级为国家标准，具有更加严格的执行力度和法律效力。

规范的编制始于 2009 年 4 月，整个编制的过程历时将近三年时间，规范已于 2012 年 4 月颁布，2012 年 9 月 1 日起正式开始实施。

3.2 《无障碍设计规范》的编制思路

笔者有幸作为主要的编制人员，参加了这次规范的修编工作。修编后的规范更好地体现了无障碍建设理念的发展趋势，并在总结规范执行数年间所遇到的问题的基础上，对《旧规范》进行了必要调整与细化，社会的发展及无障碍建设文件、法规的新要求都是规范调整的重要依据。

3.2.1 无障碍建设服务对象的确认

无障碍设计的初始阶段仅仅是满足残障人士的最低物质环境需求。“无障碍”的概念形成伊始，无障碍设施的建设是独立的，服务对象仅仅限定于残障人士，特别是肢体残疾者。进入 21 世纪以后，无障碍环境的建设是为了社会所有成员服务的这一理念逐渐被大众所接受，因此无障碍环境建设的服务对象包含的人群很广泛，不再是传统概念上的服务人群——生理缺陷的残障人士。

《规范》的总则这样描述："为建设城市的无障碍环境，提高人民的社会生活质量，确保有需求的人能够安全地、方便地使用各种设施，制定本规范"。这里"有需求的人"不仅包括了残障人士、老年人、孩童、孕妇、病人等一些由于自身生理阶段和身体原因造成使用各种设施不方便的人群，还包括其他"行动障碍"的特殊情况，比如说推婴儿车在路上行走、上公交车、提着大箱子上楼等。所有这些需求，使无障碍设计有了新的定义和准则。比如无障碍的出入口，小孩能够顺利通过，那么拄拐杖的老人就可以通过，推婴儿车的人能够通过，乘轮椅者同样可以顺利通过。从这个意义上看，无障碍的环境不仅仅是满足某种需求，而是理所当然要达到的要求。在《规范》的术语中，无障碍设施的使用者由原来的"乘轮椅者"、"残疾人"等改为了"行动障碍者"、"视觉障碍者"、"听觉障碍者"，也同样体现了这一理念的变化，旨在提出无障碍建设就是为了让每个社会成员能够公平、自尊、独立地参与社会生活，其服务对象已经拓展到社会的每一个成员。因此，设计师所面临的挑战就是如何满足当今社会的需求，创建一个没有障碍的自由活动空间。

3.2.2 无障碍环境包括物质环境无障碍和信息交流无障碍

《规范》中所指的无障碍环境，泛指一个既可通行无阻而又易于接近的理想环境，其中包括了物质环境无障碍和信息、交流无障碍。

无障碍物质环境的要求表现在城市道路、城市广场、城市绿地、居住区、居住建筑、公共建筑及历史文物保护建筑等的规划、设计和建设应方便人通行和使用。比如城市道路应满足乘轮椅者、拄拐杖者等肢体障碍者通行和方便视觉障碍者通行；城市绿地应便于各类行动不方便的人士进入和进行休闲活动；公共建筑和居住建筑应该考虑在其出入口、地面、水平交通、垂直交通、扶手、厕所、服务设施等方面设置包括乘轮椅者在内的行动不便的人使用的设施和方便人们通行的设施等。

信息和交流无障碍是指无论健全人还是残疾人，年轻人还是老年人，语言文化背景和收入水平如何，任何人在任何情况下都能平等地、方便地获取信息，或使用通常的沟通手段利用信息。《规范》的制定是信息无障碍的规定首次被写进我国无障碍规范的条文中。《规范》要求"应根据需求，因地制宜设置信息无障碍的设备和设施，使人们便捷地获取各类信息"；"信息无障碍设备和设施位置的布局应合理"。

在获取信息方面，视觉障碍者是最弱的群体，因此应给视觉障碍者提供更好的设备和设施来满足他们的日常生活需要。比如为盲人服务的设施包括盲道、盲文标识、语音提示导盲系统、视觉障碍者图书馆（网吧）等。其中盲道的设置，特别是提示盲道的设置范围在《规范》中有了明确的规定；盲文标识要求设置在视觉障碍者经常出入建筑物的楼层示意图、楼梯、扶手、电梯按钮等部位；音响信号主要用于城市交通系统；视觉障碍者图书馆（网吧）是为视觉障碍者提供的专门获取信息的公共场所，应提供无障碍电脑、读屏软件、助视器等设施。为盲人服务的设备包括便携导盲定位系统、无障碍网站和电脑、读屏软件、助视器、信息家居设备等。便携导盲定位系统是为视觉障碍者提供出行定位的好帮手，可以利用手机、盲杖等载体。

听觉障碍者在获取信息方面所需要的服务设施包括电子显示屏、同步传声助听设备、提示报警灯（音响频闪显示灯）。为听觉障碍者服务的设备包括视频手语、助听设备、可视电话、信息家居设备等。电子显示屏应设置在城市道路和建筑物明显的位置，便于人们在第一时间获取信息。同步传声助听设备是在建筑物中设置一套音响加强传递系统，听觉障碍者持终端即可接听信息。提示报警灯（音响频闪显示灯）是为人员逃生时指示方向使用的，应设置在疏散路线上，同时应伴有语音提示。

信息无障碍并非只适用于以上两种残障人士，它还应使任何人、在任何地点都能享受到无障碍的信息服务。比如清晰的标识和标牌能使一些初到陌生地方的人或有语言障碍的外国人能准确找到目标。标识和标牌安装的位置应统一，主要设置在人们行走需要作出决定的地方。标识和标牌大小、图案应规范，避免安装在阴影区或者反光的地方，并且和周围的背景应有反差。楼层示意图应布置在建筑入口和电梯附近，宜同时附有盲文和语音提示设施。

3.2.3 无障碍设施配备的范围

《规范》是我国目前无障碍设计方面约束力最高的建筑标准。它的适用范围是“全国城市各类新建、改建和扩建的城市道路、城市广场、城市绿地、居住区、居住建筑、公共建筑及历史文物保护建筑等”。目前，建筑的分类越来越多，越来越细，还有一些将城市中的商业、办公、居住、旅店、展览、餐饮、会议、文娱和交通等功能进行组合的城市综合体应运而出。《规范》虽然涉及面广，但也很难把各类建筑全部包括其中，只能对一般建筑类型的基本要求作出规定。因此，《规范》未涉及的城市道路、城市广场、城市绿地、建筑类型或有无障碍需求的设计，宜执行《规范》中类似的相关类型的要求，城市综合体应该分别按其不同功能满足相应类型的无障碍设计要求。

《规范》还要求“农村道路及公共服务设施宜按本规范执行”。这是首次将农村的无障碍建设要求纳入到我国无障碍设计标准、条文中来。《无障碍环境建设条例》是由国务院颁布的无障碍建设方面的法律文件，并已于2012年8月1日起开始施行。它的颁布为无障碍建设提供了法律保障。在《无障碍环境建设条例》中明确指出“乡、村庄的建设和发展，应当逐步达到无障碍设施工程建设标准”。我国正在进行的无障碍建设的目标是：加快推进城市无障碍建设和改造的同时积极推进小城镇、农村无障碍建设。提高小城镇、农村无障碍化水平，缩小城乡无障碍建设差距。我国幅员广阔，各个地区经济发展水平存在很大的差异，在制定统一标准时，可以预见到在某些农村地区由于经济落后、资金不足等问题执行起来会受到一定的限制。针对这一情况，在建筑规划设计阶段就应该根据无障碍规范规定的原则，根据当地的具体情况采取适合的设计方案，逐步来完善无障碍环境的建设。

3.2.4 从无障碍设计到通用设计

早期的无障碍设计有其局限性，其局限性主要表现在将残疾人专用的无障碍设施与“普通人”使用的分离开来，有些场所甚至还妨碍了“普通人”使用非无障碍设施。另外，很多无障碍设施缺乏美学考虑、缺乏市场价值，适用对象太少，经济回报率低，还有一些无障碍设施则是给残障人士带来新的麻烦，有时为了使用这些设施必须付出时间或距离上的代价。因此，"通用设计"的提出，主要就是针对上述问题，它最主要的原则是公平使用，考虑环境设计的无障碍性、实用性和美学需求，可以同时满足残障人士和非残障人士的共同需求，所有的使用者都不会受到伤害或使其受窘。但它不是推翻原有的无障碍设计标准，而是针对《旧规范》出现的问题提出解决方法，是对传统无障碍设计的继续、弥补和延伸，是实现无障碍环境惠及大多数人的设计方法。

通用设计的理念在《规范》中也得到了体现。以建筑物的出入口为例，在建筑物出入口设置台阶，是乘轮椅者、推婴儿车等行动不便的人最大的障碍，设置轮椅坡道就可以满足他们的通行需求。但轮椅坡道对于另一些人的行走是不方便的，比如，脚踝部受伤的人，他们无法上下转动脚踝就不便在坡道上行走。视觉障碍者认为台阶比轮椅坡道识别性更强。而普通的人同样认为台阶比轮椅坡道更直接和节省时间。这就在使用者之间出现了需求上的矛盾，几方的意见都很重要并需要考虑。同时，设置轮椅坡道和台阶当然可以给所有的人提供适合自己的选择。但有没有更好的设计方案呢？更为理想化的设计是用一种设施同时满足各方需求。平坡出入口是"坡度不大于 1 ∶ 20 且不设扶手的出入口"。需要综合场地的竖向设计和交通分析设置，在场地条件好的情况下可以做到不大于 1 ∶ 30。《规范》要求在出入口处优先选用平坡入口。此外，《规范》要求人行道路口处优先选用全宽式单面坡缘石坡道，楼梯的两侧设置扶手等。这些做法都可以改善无障碍设施在使用过程中利用率低的状况，使无障碍设施广泛为人使用。

3.2.5 《规范》形式的变化

《旧规范》在执行过程中，暴露了一些问题。其中一点是，制定无障碍设施实施范围时缺乏对不同类型建筑的具体要求，而且以定性为主，缺乏量化的要求。在约束城市道路和建筑物的无障碍实施范围时，《旧规范》全部采用了列表格的形式，只是把需要做无障碍设施的设计部位罗列了出来，但没有提出具体的量化的要求。这样就造成设计师在进行设计时没有一个明确的量化的指标。实际上，在同一类型的建筑中，由于其规模及重要性有所差别，对无障碍设施的设置要求也是有所区别的，这种区别是由需求决定的。因此，当标准缺乏量化时，对使用者来说，只能按统一标准来执行。这样带来的问题往往是，有的地方无障碍设施不足，而有的地方标准又过高，执行起来由于并不需要而造成浪费或者要求过高很难做到，这样反而削弱了标准的执行力度。比如：为公众服务的政府办公建筑与一般企事业的办公建筑对于无障碍设施的需求是不一样的，前者由于其外来人员众多且复杂，要求较高，而后者偏重于内部员工的使用，要求相对简单，只需要满足最基本的需求即可。这种差异在《旧规范》中并没有得到体现。此外，在《旧规范》的执行中我们经常会有一些疑问。比如：《旧规范》要求在公共厕所做无障碍设计，但在设计时，带有无障碍厕位的公共厕所是做一个或者两个还是所有的都要做？再比如：《旧规范》要求在水平、垂直交通上做无障碍设计，在设计时，无障碍楼梯和电梯的数量并没有要求等。上述这些在《规范》中都得到了一定程度的明确化。

基于以上考虑，《规范》在整体结构上有着较大的调整和扩充，《规范》的结构逻辑是先提出无障碍的基本设施的设计要求，之后从城市环境和建筑的不同分类去对实施范围、布局等作具体要求。这种逻辑来自于无障碍设计的特点，即基本的无障碍设施如轮椅坡道、无障碍厕所等是无障碍设计的“原件”，在不同的类型建筑中对它们的数量及范围的要求是不同的，但此“原件”本身具有共通性。这种由部件到系统的结构避免了重复，逻辑明确，易于掌握。

在此次《规范》的编制中，编者在约束城市道路和建筑物无障碍的实施范围时，没有仅简单地采用表格形式，而是将每一类型的建筑物或城市道路，根据其所执行的单项规范中规定的规模及重要性进行分类，采用条文的形式具体量化要求其无障碍设施的设置，这样可以使设计师在使用规范时更加明晰。

3.3 《无障碍设计规范》中关于无障碍设计范围的要求

见表 3-1。

《无障碍设计规范》（GB 50763—2012）中关于无障碍设计范围的要求汇总表　　表3-1

建筑物使用类组		满足无障碍要求的部位 / 建筑物适用范围	室外通道	建筑出入口	室内走廊	公共或休息空间	楼梯	电梯	卫生间	观众席位	停车空间	低位服务设施	客房
A	居住建筑	配套公共建筑：居委会、卫生站、健身房、物业管理、会所、社区中心、商业等	√	√	○	○	√	√	√	○	√	○	○
		居住建筑：包括住宅、公寓、宿舍等	√	√	√	○	√	√	√	×	√	×	○
B	办公建筑	政府、司法、企事业办公建筑，科研建筑，社区办公建筑等	√	√	√	√	√	√	√	√	√	√	○
C	教育建筑	托儿所、幼儿园、中小学、高等院校、职业教育、特殊教育建筑等	√	√	○	○	√	√	√	√	√	√	○
D	医疗康复建筑	综合医院、专科医院、疗养院、康复中心、急救中心等建筑	√	√	√	√	√	√	√	○	√	√	○
E	福利及特殊服务建筑	福利院、敬（安、养）老院、老年护理院、老年住宅、残疾人综合服务设施、残疾人托养中心、残疾人体训中心等	√	√	√	√	√	√	√	○	√	√	√
F	体育建筑	体育比赛、教学、休闲的场馆和场地设施	√	√	√	√	√	√	√	√	√	√	○

续表

建筑物使用类组		满足无障碍要求的部位 / 建筑物适用范围	室外通道	建筑出入口	室内走廊	公共或休息空间	楼梯	电梯	卫生间	观众席位	停车空间	低位服务设施	客房
G	文化建筑	文化馆、活动中心、图书馆、档案馆、纪念馆、纪念塔、纪念碑、宗教建筑、博物馆、展览馆、科技馆、艺术馆、美术馆、会展中心、剧场、音乐厅、电影院、会堂、演艺中心等	√	√	√	√	√	√	√	√	√	√	○
H	商业服务建筑	百货店、购物中心、超市、专卖店、专业店、餐饮建筑、旅馆等商业建筑，银行、证券等金融服务建筑，邮局、电信局等邮电建筑，娱乐建筑等	√	√	√	○	√	√	√	○	√	√	√
I	汽车客运站		√	√	√	○	√	√	√	○	√	√	○
J	公共停车场库		√	√	○	○	○	√	○	×	√	○	×
K	汽车加油加气站		√	√	○	○	○	√	√	×	√	○	×
L	高速公路服务区建筑		√	√	○	○	○	√	√	×	√	○	○
M	城市公共厕所		√	√	○	○	○	○	√	×	○	○	×

注：1. “√”指《规范》中给出明确条文要求的。

2. “○”指《规范》中未给出明确条文要求，该类型建筑不涉及或需由设计师酌情处理的。

3. “×”指此类型建筑一般不涉及的内容。

4 无障碍设计的原则

残疾人在社会及家庭生活中面临的问题，是他们自身伤残的直接结果。而城市的无障碍设计是针对这些问题的解决方案，是外在的、物质的，残疾人的身体和心理的调整不是其工作重点。但城市环境提供的无障碍条件，对残疾人的身体和心理会带来很大的影响。

无障碍（Accessibility）英文名称的直译为“可到达”，意思是环境、设施、设备、产品可以尽可能地被尽量多的人享用。无障碍是一个环境系统（包括硬件系统和软件系统）的功能性是否优越的重要指标，目标人群为残障人士或有特殊需求的人士。无障碍设施主要指城市和建筑环境、交通和信息。无障碍设计也被称作“为所有人的设计”、“友好型设计”。现在，因为经济和文化水平的限制，重点关注无障碍的物质文明的建设，我们设计师要做好准备，关注精神生活、文化生活。

无障碍设计（barrier free design）这个概念由联合国在 1974 年提出，其宗旨为：在现代社会，一切有关人类衣食住行的公共空间环境以及各类建筑设施、设备的规划设计，都必须充分考虑具有不同程度生理伤残缺陷者和正常活动能力衰退者的使用需求，配备能够应答、满足这些需求的服务功能与装置，营造一个充满爱与关怀、切实保障人类安全、方便、舒适的现代生活环境。

几十年来在社会生活层面的主导理念是致力于残疾人生活的正常化和社会融入，近些年来这个理念又得到补充和发展，增加了自治、自决、接纳等概念，特别是接纳的概念，不但影响了法律法规的调整，也影响了设计，自治和自决的理念，更加尊重残疾人的心理尊严，由“救济模式”向“自我决定模式”发展。接纳即意味着全面参与社会的各个领域。这都是我们确立无障碍设计原则的基础思想。

无障碍设计的理想目标是“消除障碍”。我们建筑师要做的是优化残障人士可以、更应该享用的环境和产品，在使用操作界面上清除那些让使用者感到困惑、困难的“障碍”(barrier)，为使用者提供最大可能的方便。在笔者看，无障碍设计的原则不外乎三点：

（1）首先是不制造“障碍”，尽量减少设置障碍，设计中有许多障碍是完全没有必要的、人为制造出来的，设计师制造出这些障碍出于各种目的，有些障碍比如入口大台阶，是中国人的一种传统心理的反应，是没有功能上的必要性的。室内高差的变化，往往来自建筑师对空间变化的追求。当选择变化时，一定要充分考虑无障碍的处理，现在许多室内的高差变化，设计时没有考虑坡道，施工时或竣工后再增加坡道，反而在效果上显得拙劣。现在在商业建筑的设计中，“平坡”入口已经作为共识性的优选做法，逐渐地业主和设计师的理解也会向着以人性化为“美”来转变。

在生活中，即使针对多数人，障碍也是无法完全避免的，比如上楼梯、开门、拧龙头，对所有人来说在行动中都需要处理它，即使不是残疾人，在生活的某些阶段也会遇到困难，所以尽量减少困难、提供便利是设计追求的根本目标，这也是通用设计的初衷，在后面章节会展开论述。

（2）设计要满足残障人士使用器具的活动需求，对于下肢残障的人士，拐杖或者轮椅等就是他们身体的一部分，这是设计师必须处理的特殊的尺度。在考虑这些尺度时，不但要考虑静态的尺寸，更要考虑动态的空间需求。最常用到的数据比如轮椅的回转尺寸等，应是设计时考虑的基础数据。

（3）在建筑或环境中能够提供一些器具和设施，来帮助残障人士在一定范围内的活动，比如扶手，现在是通用的，是提供给所有人的，但实际上并不是每个人每次都会用到。在设计中如果能够多提供一些休息、导向、支撑的帮助性的设施，这个建筑环境会更加人性化。

无障碍设计没有一个“非此即彼”的标准，绝对意义上的“无障碍”是无法达到的，一是身体障碍的客观存在，二是和其他普世价值理念的冲突，例如文物保护、节约土地等，三是即使没有残障的人士，在生活中还是会感到一些不便，城市、建筑和产品的功能性在不断的完善中。

所以，要将“无障碍”做到什么程度是设计师要面对的问题，毫无疑问，国家的法律和规范是一个最低线，设计师都有体会，这个最低要求对设计是不够的，因为每个设计都有其各自的功能配置、空间安排和使用需求。

4.1 “全生命周期”的建筑

我们谈到城市与建筑环境的可持续发展时，会经常用到一个概念，就是建筑的“全生命周期”。这个概念往往指的是一个建筑从设计、建造到使用的全过程。但“全生命周期”的概念还可以引申至以下两个层面：一是此时的建筑应适应各个生命周期的人。对于公共建筑来说，除了幼儿园、学校等类型外，大部分的建筑需照顾到各种年龄层次及身体状况的人士。而对于住宅建筑，因现今中国大部分为集合式住宅，设计和建造时大多无法明确居住者，所以也要考虑各种家庭及成员的需求。二是从整个建筑的寿命来讲，在建筑寿命的几十年内，其使用者、居住者也在经历成长、老、病等变化，建筑应具有一定的灵活性以适应这个变化。

4.2 人体工程学

无障碍设计的最基础的依据是人体工程学。

人体工程学（Human Engineering），也称人类工程学、人体工学、人间工学或工效学（Ergonomics）。工效学（Ergonomics）原出希腊文“Ergo”，即“工作、劳动”和“nomos”即“规律、效果”，也即探讨人们劳动、工作的效果、效能的规律性。

按照国际工效学会所下的定义，人体工程学是一门“研究人在某种工作环境中的解剖学、生理学和心理学等方面的各种因素；研究人和机器及环境的相互作用；研究在工作中、家庭生活中和休假时怎样统一考虑工作效率、人的健康、安全和舒适等问题的科学”。

人体工程学对现代建筑影响很大，现代建筑已经大多不再担负表达信仰的责任。人，是它最重要的服务对象，也是设计时最重要的参照。环境和空间与人体结构功能、心理、力学等方面要合理协调，以适合人的身心活动要求，取得最佳的使用效能，达到安全、健康、高效能和舒适的目标。

人体基础数据主要有下列三个方面，即有关人体构造、人体尺度以及人体的动作域等的有关数据。

4.2.1 人体构造

这里说的人体构造主要指运动系统中的骨骼、关节和肌肉，这三部分在神经系统支配下，使人体各部分完成一系列的运动。人体构造尺寸是人体的静态尺寸，包括身高、坐高、各关节之间的距离、主要人体部位的宽度尺寸等（表 4-1）。

人体尺寸计测适用值及应用范围说明表①　　**表4-1**

计测项目	适用值	应用范围
1. 身高	极大值	确定门、镜子最小高度，及健康床（躺床）的最小高度等
2. 眼睛高度	平均值	确定布告、展示品的高度等
3. 立姿肩峰高	平均值	确定小便器前方扶手高度、公共电话高度等
4. 肘部高度	平均值	确定作业台站着使用的工作表面舒适高度等
5. 中指末端高	极大值	确定冲洗槽、报章杂志架等站着使用的可及高度
6. 站立垂直伸够高度	极小值	确定书架、橱柜、衣物架等的上层高度，以及莲蓬喷水头的可及高度等
7. 指极	极大值	确定两侧水平伸展活动的最大范围
8. 肩宽	极大值	确定通道、门、躺床等的宽度，以及冲洗槽作业范围的宽度等
9. 肘部平放高度	平均值	确定坐姿使用桌子的工作表面舒适高度，以及马桶、椅子坐姿扶手高度等
10. 臀部宽	极大值	确定椅子的舒适宽度等
11. 坐姿臀—腹部厚度	极大值	确定使用者紧贴使用特定设备时，所需最小空间距离，如身体和小便斗的间距等
12. 大腿厚度	极大值	确定桌面下方和座椅面之间的最小间距等
13. 膝腘高度	平均值	确定座椅面的高度等
14. 臀部—膝腘长度	平均值	确定靠背椅的椅面深度等
15. 两肘之间宽度	平均值	确定座椅、马桶两侧扶手的间距等
16. 手臂平伸长	极大值	确定人体前方水平操作的最大范围，如置物架、橱柜、书架等的前方活动深度
17. 手掌长度	平均值	确定扶手的直径大小等
18. 脚掌长度	极大值	确定座椅垂直面和桌边的最小间距等
19. 站立手腕高度	平均值	确定人体站立时手腕的支撑高度，如扶手高度等
20. 臀部—脚后跟长度	极大值	确定坐姿腿部向前伸展的最大范围，如按摩椅坐面深度等

① 中国台湾地区 . 建筑物无障碍设施设计规范解说手册 [M]，2010.

4.2.2 人体尺度

人体尺度是人体工程学研究的最基本的数据之一。

从达·芬奇到现代主义建筑大师柯布西耶都对人的尺度、行为做过系统化的分析和研究。对于为残障人士提供的克服障碍的设计，对他们的行为、意识与动作反应进行细致、深入的研究是必不可少的。

现代的设计，将人体尺度进行标准化，具体的资料可以参考《中国成年人人体尺寸》(GB 10000—1988)，根据上述标准的平均值推算轮椅使用者的尺度标准（图 4-1、图 4-2)。

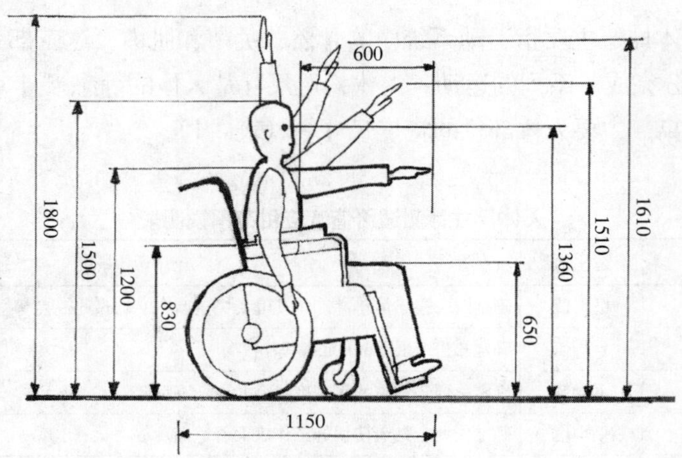

图 4-1 男性乘轮椅者人体尺度图（中国人平均尺寸）(mm)

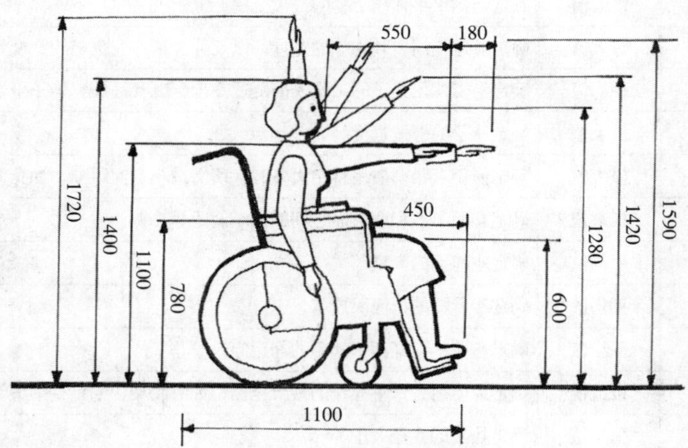

图 4-2 女性乘轮椅者人体尺度图（中国人平均尺寸）(mm)

4.2.3 人体动作域

人们在室内各种工作和生活活动范围的大小即动作域，或称人体动态尺寸，它是确定室内空间尺度的重要依据因素之一。以各种计测方法测定的人体动作域，也是人体工程学研究的基础数据。如果说人体尺度是静态的、相对固定的数据，人体动作域的尺度则为动态的，其动态尺度与活动情景状态有关。

室内设计时人体尺度具体数据尺寸的选用，应考虑在不同空间与围护的状态下，人们动作和活动的安全，以及对大多数人的适宜尺寸，并强调其中以安全为前提。

例如：对门洞高度、楼梯通行净高、栏杆扶手高度等，应取男性人体高度的上限，并适当加以人体动态时的余量进行设计；对踏步高度、上搁板或挂钩高度等，应按女性人体的平均高度进行设计。

残障人士的人体工程学和一般健全的人是不同的，而且虽然可以分类，但缺乏一定的共性，我们的设计除非清楚具体的个人对象，否则也只能按照分类的特征去关照，现在无障碍设计中多是采用乘轮椅者的尺寸（表 4-2、表 4-3）。

常见轮椅尺寸 **表4-2**

	纵长（cm）	宽度（cm）	座椅高度（cm）	回转直径（cm）
16 吋手动轮椅	101	62	48 ~ 53	
18 吋手动轮椅	101	68	48 ~ 53	
简易型电动轮椅	114	60	51	150
豪华型电动轮椅	102 ~ 125	65 ~ 70	51	150 ~ 180

乘轮椅者动作域 **表4-3**

设计参数	应用范围	一般成年人人体尺寸及取值（mm）	乘轮椅者尺寸（mm）	百分位选择	备注
通行高度	门洞高、通道净高	身高：1800	身高：1600	高	
通行宽度	—	人体最大宽度：500	轮椅宽度加手扶：750	高	
距地高度	屏幕高度、办公隔断高度等	立姿眼高：1500	眼高：1320	中	乘轮椅者眼高：从地面到眼的距离
视线高度	观众厅、教室等	坐姿眼高：770	眼高：1320	中	坐姿眼高：从座椅面到眼的距离； 乘轮椅者眼高：从地面到眼的距离
台面高度	柜台、服务台、餐台、工作台等	站姿肘高：1000 坐姿肘高：260	肘高：750	中	坐姿肘高：坐姿肘部距椅面高度； 乘轮椅者肘高：从地面到肘部的距离； 舒适高度为低于人肘部高度76mm
极限空间最小净高	座椅上方空间高度	挺直坐高：1000	身高：1600	高	挺直坐高：坐姿头顶距椅面高度

续表

设计参数	应用范围	一般成年人人体尺寸及取值（mm）	乘轮椅者尺寸（mm）	百分位选择	备注
座椅间距	观众厅、教室等	肩宽：500	轮椅宽度加手扶：750	高	
细部尺寸	服务台、书桌、餐台等下部空间尺寸	大腿厚度：200	大腿厚度：200	高	
		小腿加足高：460	轮椅椅面高度：450	高	
椅面尺寸	座椅、座位	腿弯高度：350	—	低	腿弯高度：小腿加足高
		坐深：400	—	高	坐深：臀部至膝部长度

注：1.“百分位”为人体测量的数据的一种位置指标、界值。简单地概述即：低百分位代表“小”身材尺寸，中百分位代表“中等”身材尺寸，高百分位代表“大”身材尺寸。

2. 本表取值参考《中国成年人人体尺寸》（GB 10000—1988）的基础数值推算所得。

4.3 无障碍设计原则

4.3.1 城市环境、建筑项目中的无障碍设计原则的确定

设计师在设计一个项目时应该为所有该项目的使用者提供无障碍环境，使那些在行动、视力、听力或智力方面有残疾的人及其他行动不便者（如老年人）能够独立、公平、有尊严地使用该建筑项目的功能。这是无障碍设计的基本原则。

根据这一原则，在城市环境建筑项目中的无障碍设计应依据以下原则：

（1）因地制宜的原则。

（2）系统性。

（3）注意细节。

（4）促进人的交往。

（5）差异和多样性。

（6）安全性。

针对上述原则，下面进行展开的论述。

4.3.2 因地制宜的原则

根据实际情况确定该项目的无障碍设计原则。以笔者参与的 2008 年北京残奥会的无障碍建设为例，包括笔者在内的专家组提出的对于残奥会场馆所有无障碍设施的设计和建设的基本原则是：体育场馆应根据不同比赛的特点，在设计和策划阶段统筹考虑无障碍设施。在无法满足设计要求的前提下，宜考虑设置临时的无障碍设施，并统筹调整各功能用房的使用。

包括以下几点：

（1）针对长期使用的场馆，应修建完整的无障碍设施。

（2）针对短期使用的场馆（比如赛后修改用途等），则只修建必要的无障碍设施。

（3）针对临时性的场馆，则修建有限的、临时性的无障碍设施或寻求运行解决方案。

4.3.3　系统性

无障碍设计包括不同的系统，不但在一个建筑中这些系统要全面，以满足残障人士和老年人的各方面基本需求；而且一个系统内的完整性也非常重要，例如在一个建筑项目的设计中，设置合理的、连续的无障碍通道是一个基本的要求，对于体育场馆，要内、外设置通向所有设施及楼层的连续通道，在此通道内不应有任何妨碍残障人士安全顺利通过的障碍物，如台阶、楼梯、旋转门、自动扶梯。有一处阻碍，系统即瘫痪。

对于建筑来说，需要考虑无障碍设计的主要有六个大的部分：外部道路和出入口、内部空间、公用设施、内部交通、建筑部品、无障碍标识。外部道路和出入口包括进入建筑场地、场地内到达建筑出入口的道路、入口坡道、门等；内部空间包括残障人士使用的空间的平面、高度等；公用设施包括卫生间、电话、音响、空调、无障碍座席等；内部交通包括走廊、楼梯、电梯等；建筑部品包括门、窗、开关、控制器、家具等；无障碍标识为以上各个部分内容的标识。这些部分共同构成一个完整的无障碍设计，尤其内部空间非常重要，却是设计师经常忽视的。

例如，如图 4-3 所示是国外的一个诊所的平面设计。建筑师在设计平面时，重点关注了轮椅使用者。这个平面中空间的转折多为钝角，乘轮椅者使用起来会更加便利。各个空间的大小及形状也是为轮椅使用者精心设计的，比如卫生间，内部设置了一小块轮椅缓冲回转空间，虽然平面形状不规则，但比矩形的要更加合理。

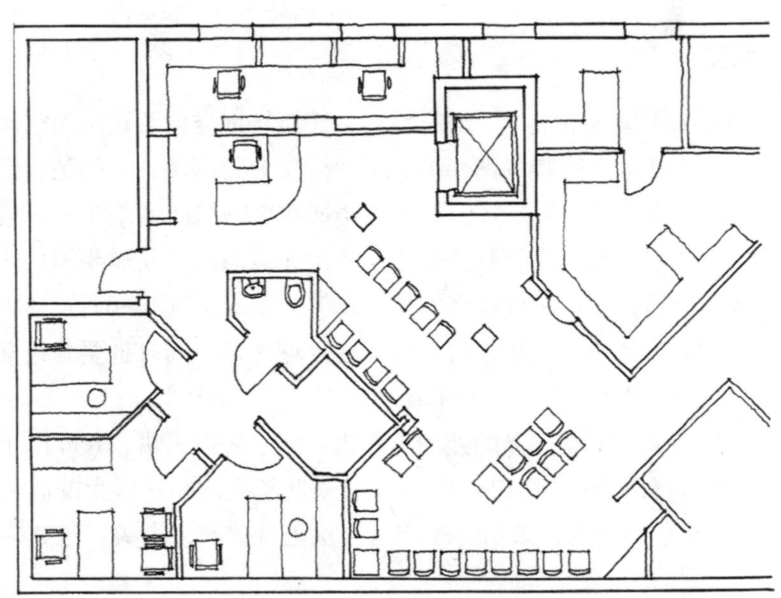

图 4-3　国外某诊所

2001 年 9 月 11 日，纽约世界贸易中心遭恐怖袭击后，一位乘轮椅的女士在他人的帮助下，用了一个多小时逃生。在这种灾害中，残障情况较重的人士很难做到自救。建筑，尤其高层建筑的安全疏散问题迄今未得到有效的解决，很少有建筑物针对残障人士制订避难和疏散计划的。

9・11 恐怖事件之后，美国政府和社会对上述问题开始关注。2001 年秋天，美国残疾人协会即开始制订相应的方案。但这是个困难重重的工作，目前来说，最好的方式还是每个建筑物根据自己的特征及可能服务的残障对象，因地制宜地制订计划，并进行宣传。以目前的技术条件，有计划性地在灾难时由他人援手及设置避难区是比较可行的。

4.3.4 建筑细节

细节是无障碍设计中最关键的因素，因为细节设计是关于人体的动作、人的生理、心理感觉的设计。新颁布的国家标准《无障碍设计规范》的第三章内容“无障碍设施的设计要求”，实际上就是细节的要求。

无障碍相关的细节包括以下四部分内容：

（1）高度的改变：如何解决环境中不可避免的高差。

（2）材料的要求：包括材料的材质、纹理、色彩。

（3）空间的要求：各种距离、高度。

（4）设施的要求：各种设施要避免产生障碍和安全隐患，考虑到使用的活动细节。

《规范》罗列的 16 种无障碍设施的具体要求中都包括以上四部分中的几种。比如坡道、盲道等包括高度的改变、材料和空间的要求；出入口、门、通道主要是空间的要求；楼、电梯、台阶主要处理的是高度的改变；卫生间主要面对的是设施的要求。

1. 高度的改变

如何解决环境中不可避免的高差。城市空间、建筑场地空间及建筑内空间中的高差变化是对于下肢残障人士的主要障碍（图 4-4）。高差变化分为两类，一类是我们通常用台阶解决的、同层的高差变化；另一类是我们通常用楼梯解决的层间高差变化。同层高差变化用坡道实现无障碍，而层间高差变化往往用电梯解决无障碍，但在需要满足残障人士大人流疏散的空间也要用坡道，比如一些体育馆、商场等（图 4-5、图 4-6）。

现在一些大型的公共建筑的主要入口已经做成平坡入口，同时也要兼顾雨水排水的要求，所以 3% ～ 5% 的坡度是适宜的，并不宜小于 2%。

根据高差程度的不同，同层高差的处理方式也不同。一般来讲，1cm 以下的高差可以不作处理，2cm 以下的高差可以用不陡于 1：2 的陡坡解决问题，再大的高差，就需要用不陡于 1：8 的不同坡度的坡道，采用的坡度与一次上升的高度有关，这在规范中有具体的要求。

道路的边缘如边石，考虑到既能帮助到视觉障碍者又不要成为其他使用者的障碍。

图 4-4 建筑出入口与庭院中的高差

图 4-5 国内某体育馆坡道

图 4-6 日本东京某商场室内坡道

2. 材料的要求

对于材料的要求包括材料的材质、纹理、色彩。材料的要求首先来自安全的考虑，其次要考虑到视觉障碍者的便利性（表 4-4）。

不同室内地板材料的特性表 表4-4

	质感	防滑性	平整度	反光性	易清洁性	易维护性	防潮性	备注
地砖（石材、瓷砖等）	硬	差	好	反光	好	好	好	选择材料时应对防滑性提出重点要求，尤其是弄湿后的防滑性
木地板	较软	较好	好	较弱反光	较好	不好	较好	容易有划痕
地毯	软	好	阻力大	不反光	不好	不好	不好	不便于轮椅使用，但可以降低跌伤后的伤害。容易存留细菌、污秽，不清洁对健康有影响
胶片地板（PVC面层等）	较软	较好	好	较弱反光	好	好	较好	新铺设的地板会释放含大量化学物质的气体，可能对身体造成一定影响

行人和机动车道应以明显的材质、色彩或者小的高差区分开。路面材质的变化不只是构图的需要，而是可以提供信息。比如一个走起来不舒服的表面，可以使人们绕开障碍；一个开敞的场地，也可能通过表面材质的变化将道路界定出来。

无障碍的路线上最好不要设置地漏及排水箅子等设施，如无法避免，除孔洞宽度规范有明确要求外，还要注意与地面高差应尽量减少，并尽量将开口尺寸较长的一方与行人移动的基本方向垂直。

对于地面，一般无障碍要求坚实、平整、材料防滑。有一些路面凸凹不平，如鹅卵石的路面，应尽量避免，反光性强的材料也不宜选择。现在室外，尤其住宅小区铺砌的一些釉面砖路面，在湿的状态下会变得很滑，这是非常危险的，容易造成伤害。在坡道，或坡度较大的路面，要选用防滑性可靠的材料，如沥青、水泥、毛面处理的石材、混凝土路面砖等，光面石材、瓷砖、玻璃应慎重使用，如图4-7、图4-8所示的室外的台阶，防滑的地砖除了设深沟槽外，在台阶两侧设排水槽，以避免台阶上瘀水，是好的设计。

图4-7 带排水槽的室外台阶

图4-8 带排水槽的室外台阶的排水沟

不平坦的地面表面、疏松的表面，例如碎石、宽缝的铺装都可能带来问题（图4-9），需要另提供平坦坚实的路面来满足无障碍的要求（图4-10）。表面应坚实、平坦、一致、防滑，室外应考虑到各种天气，可行车的路面还要考虑交通荷载带来的影响。路面材料如有草皮，最好下面有预制的网状垫层或碎石垫层或槽状混凝土垫层。铺装之间的留缝，宽度不要大于 10mm，深度不要大于 5mm。

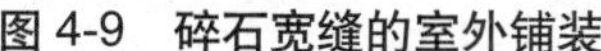

图 4-9 碎石宽缝的室外铺装

图 4-10 多种材质组合的路面

卫生间使用的无障碍坡道如表面过于光滑，考虑到不可避免会沾水，很容易造成跌倒（图 4-11）。

图 4-11 某卫生间入口处过于光滑的坡道

3. 空间的要求：各种距离、高度

无障碍设计基本的空间尺寸要求，是每个设计师必须掌握的，即固定轮椅空间 700mm × 1200mm，轮椅活动空间 1200mm × 1200mm，U 形转弯空间 1500mm × 1500mm。

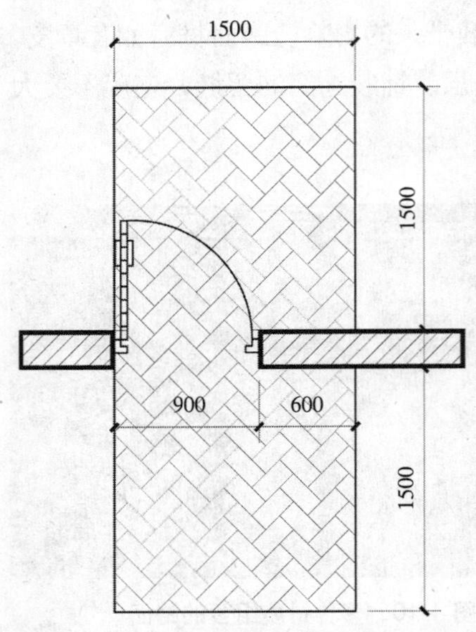

图 4-12　门附近的空间尺寸示意图（mm）

很多室内外空间、部件的尺寸规范，即来自于上述基本尺寸。因为轮椅使用者对空间的要求较为苛刻，所以满足其要求即很容易满足其他残障人士，如使用拐杖、助行器、导盲犬等不同人士的要求。

对于门，一般来说，靠近门把手的一边多留一点空间，按照规范要求，门把手一边留 400mm 的宽度即可。但这是最小的要求，设计时宜适度放宽，会更加方便使用。关于门附近的空间尺寸要求见图 4-12。

在坡道的起、终点和休息平台，要有足够的空间，满足轮椅转弯进入和离开，并不对交通流线造成障碍。图 4-13 所示为一个做得不好的例子。当坡道起、终点的空间比较局促时，这时坡道的宽度宜从规范要求的低限 1200mm 适当放宽，以便于使用。

尽量避免使用弧线形的坡道，尤其不能与盲道结合。图 4-14 所示为一个典型的造成使用不便的实例。

图 4-13　坡道对交通流线构成障碍

图 4-14　弧形坡道并与盲道结合

4. 设施的要求

各种设施要避免产生障碍和安全隐患，考虑到使用的活动细节。如图 4-15 所示就是一处非常危险的坡道。

对于一个建筑或环境来说，无障碍卫生间、无障碍楼梯、坡道等是成套的无障碍设施，而室内外还有许多小的、单独的设施要考虑无障碍的要求。

道路上的一些设施，是无法避免的功能性需要，但有可能成为障碍，如路灯、交通标志杆、挡车杆、自行车停放设施等，这就需要统一进行规划。

最近一段时间，对于无障碍楼梯以及坡道是否采用高低双层扶手有一定的争论，毕竟低层扶手的设置会占去一定的宽度。笔者认为，在条件没有那么紧张的情况下，还是保证双层扶手（图 4-16）。

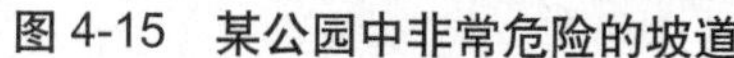
图 4-15　某公园中非常危险的坡道

图 4-16　双层扶手

没有门的卫生间既方便又卫生，唯一要解决的就是视线干扰问题。现在很多的航站楼、大型商场的建设已将这种做法作为标准模式。在大人流的公共建筑中，应提供无性别的个人无障碍卫生间，满足如父母带孩子、需配偶或子女照顾人士的需求。

房间内需要考虑无障碍的设施包括，门把手、门锁、开窗把手、扶手、水龙头、电器插孔和开关、空调调温器、报警设施等，这些设施的轴线高度应设置在离地面 400mm 到 1200mm 的位置上。一定还要注意，这些设施在选型时应当易于一只手操作，不需要用力操作即能使用。在残障人士使用较频繁的房间，还有以下更细致的要求：

（1）设置触感的标记或语言信息。

（2）与周边环境形成较鲜明的环境对比。

（3）背景无反光。

（4）照明照度至少达到 100lx，需读取信息的照度达到 200lx。

建议使用更容易操控的杠杆式的门把手，不要使用旋转把手和指按门闩，因为手部关节有毛病的人士，可使用手肘或手部的边缘来操控的杠杆式的门把手。为了防止钩挂，杠杆式的门把手的下端应向门的方向倾斜或回转。无障碍的门应设置闭门器，但关门时间（从全开到半合）应超过 3s。现在国外的很多公共服务建筑都设置了助力门。一般有两种，一种是以感应器自动控制的（图 4-17），另一种是人工控制的。除了要满足超过 3s 的开门时间，门打开的停位时间要超过 5s。建议在门边加垂直扶手，尤其一些需要用力才能开启的门，可以提供一个开门时的支撑，垂直扶手距门边 150 ~ 200mm，扶手底部距地面不可大于 850mm。扶手尽量选用导热系数低的材料，如木头、尼龙、塑料等。为使扶手使用时不易滑脱，可设置槽纹。

图 4-17　自动感应门

很吸引建筑师而又节省空间的内嵌壁式扶手，对于残障人士却并不便利。使用时扶手上应至少留出 450mm 的空间（图 4-18）。

对于设施的安全性要求包括防止跌落、磕、碰、摔倒等。

图 4-18　内嵌壁式扶手

4.3.5　促进人的交往

无障碍设计不是把一个特殊的人群进行“单独”的照顾，而是提供一种便利，这种便利在人的生命中某阶段是非常需要的，包括残疾人、儿童、老人、受伤或病人、孕妇等。这些人群的生活社交范围相对较窄，心理孤独感更强，能够参与社会活动的场所也比较少，在他们经常可以去的社区公园，建筑内的门厅、走廊等，要创造促进人与人交往的空间场所。

在现在的国家标准《无障碍设计规范》中，有一个章节提到了信息无障碍，但由于各地城市的现代化水平差距比较大，作为国家标准只作了原则性的要求，除了规范中具体提到的标识系统外，中国比较发达的城市还应该配置的信息无障碍设施包括以下几个方面：

（1）无障碍的提示和信息系统，包括语音、触屏、盲文等多种信息媒介。

(2) 在公共的文化、集会类建筑中安装无障碍信息辅助系统，如助听系统、无障碍网站与终端等。

(3) 在一些细节的信息设备上，尽量满足一定的无障碍要求，比如公共电话提供可调节音量的电话。

4.3.6 差异和多样性

如何满足残障人群的巨大的差异性和多样性，是建筑设计领域的难题。从现实操作的角度，无障碍设计会需要增加标准、规范的深度和广度，深入标准化的道路。

但对差异性的尊重和接受残疾作为人生多样性的一部分，是我们建设无障碍环境秉持的基本价值观。这是一个需要长期探索的课题，笔者相信残疾人辅助技术的进步，会有益于此问题的逐步解决。我们设计师能做到的是尽量在一个项目的设计中，考虑到各种残障人士的需要，综合性地解决问题。

4.3.7 安全性

对于盲人来讲，无障碍环境首先必须是安全的环境。调查表明，绊倒、滑倒和碰撞是盲人发生的高频事件；楼梯间、卫生间是发生滑倒的高危区；入口、楼梯间、室外道路是发生绊倒的高危区；通道、厨房是发生碰撞的高危区（图 4-19）；室外道路、入口是发生坠落的高危区。

图 4-19 在入口附近容易发生磕碰的建筑构件

在高差变化超过 250mm 的地方，一定要设置防护的措施。国内有些城市的有些地方不注意这点，比如在公共广场地面高差比较大却未设置任何防护措施（图 4-20），非常容易引起人员伤害。防护措施包括标识、护栏、警示路面等。在不能做护栏时，要沿可能引起危险的高差变化边缘设置防滑、表面凸起且和周围路面形成较强的颜色对比的警示路面，很多情况下使用提示盲道。需设置的部位包括站台、楼梯起跑处等。

图 4-20 北京某处公共广场

地面的设计要解决好防坠、绊、滑和碰的问题。除了人行空间消除意外凸出物、不设置竖井外，住宅的室内客、卧、卫、厨及阳台间不宜设高差。地面防滑是常被忽略的方面。显然，无论是室外还是室内，都不宜采用磨光的石材、水泥砂浆、瓷砖地板等表面摩擦系数小的材料作地面铺装，而宜使用地毯、木地板、作防滑处理的石材和地砖等表面摩擦系数大的材料，这样就能大大减少滑倒现象。当室内采用石材、地砖等硬质材料时，要考虑入口处带进雨、雪水的湿滑危险，设置擦鞋垫或者使用一些防滑、吸水材料的过渡处理（图 4-21）。

图 4-21　商场入口的地面防滑处理

在无障碍的路线上，无法用白手杖接触到的在人的高度范围内的探出物，或顶部空间的高度改变，存在着对视障人士的潜在危害。在一般的公共场所最常见的如自动扶梯下部空间、消防设施、电话罩等（图 4-22）。

图 4-22　缺乏阻挡磕碰设施的自动扶梯下部空间

对于老年人和儿童来说，楼梯也是很容易造成伤害的地方，加上一个保护性的防滑垫，就能有效减少伤害，但防滑垫和楼梯踏面应结合牢固、紧密，避免产生相对位移。

残障人士的安全疏散，一直是难以解决的问题。公共性的场所应设置可视报警装置，此报警包括声音和闪烁报警，闪烁的亮度要考虑到环境的光线和照明情况。现在我国的消防规范中，还没有明确规定为不具备自主逃生能力的人设置避难场所。北京的 2008 年残奥会场馆设计考虑了这个问题。国外，设计师在设计大型的、人员密集的场馆等公共建筑时，可考虑在适当的楼层设置避难空间，位置要利于从消防楼梯或电梯救援，并要有明确的标识。该空间向室外开敞或由防火墙或门封闭，装备必要的消防设施和应急的通信设备。

5 无障碍设计的基本要素

城市和建筑的无障碍系统，是由一些基本的无障碍设施组合而成。这些无障碍设施是无障碍设计的基本要素，它们不论在哪里出现大体都会遵循一些共同的原则和要求，在国家标准《无障碍设计规范》中，第三章集中提出了无障碍设施的设计要求，其中罗列了16项设施要素，本章基本按照规范的分类方式和罗列顺序对这些具有共性的设计要素进行综合介绍。

5.1 缘石坡道

缘石坡道是指位于人行道口或人行横道两端，为了避免人行道路缘石带来的通行障碍，方便行人进入人行道的一种坡道。

缘石坡道的设置与道路路口处的交通导向有关。目前，国内城市道路路口的平交通行，人行横道一般都是垂直于原行走道路的。设置全宽式单面坡缘石坡道（图5-1），使人行横道与人行道相接的起点处都是平缘石，是一种最为方便的缘石坡道。

图5-1 人行道路口处全宽式单面坡缘石坡道

缘石坡道的设置要根据人行走向，人性化地在路口最大范围地与人行道相接。缘石坡道的设置有以下基本原则：

（1）人行道在各种路口、各种出入口位置要设置缘石坡道。

在各种路口处，人行道与车行道高差的存在往往会给包括乘轮椅者、老人、推婴儿车的人、携带拉杆箱包等行动不便的人造成通行困难，因此人行道在交叉路口、街坊路口以及各种出入口的位置应该设置缘石坡道，以方便他们的通行（图5-2）。

图 5-2 路口处缘石坡道

（2）人行横道两端应设置缘石坡道。

人行横道两端应设置缘石坡道，人行横道宽度一般不宜小于 1.2m，以满足轮椅通行的需求（图 5-3、图 5-4）。

（3）缘石坡道的坡口与车行道之间宜做到没有高差，有条件时应优先选用全宽式单面坡缘石坡道。

图 5-3 人行横道处缘石坡道 1

缘石坡道的坡口与车行道之间没有高差会使乘轮椅者行驶在上面更加方便，目前的施工水平做到这点也是没有难度的，需要注意的是最好避开道路的排水点，避免积水倒灌。全宽式单面坡缘石坡道顺着人行道的走势起坡，是通行最为便利的缘石坡道形式，应优先选用。

图 5-4 人行横道处缘石坡道 2

5.2 盲道

视觉障碍者在进行活动时，通常是依靠触觉、听觉和嗅觉来感知环境和判断方向的，而最为重要的就是准确的定位能力。视觉障碍者行走的方式，大致有以下几种：徒手或与他人作伴行走、利用盲杖行走、利用提供信号的电子设备行走以及依靠导盲犬做向导行走。

盲道是指在人行道上或其他场所铺设的一种固定形态的地面砖，使视觉障碍者产生盲杖触觉及脚感，引导视觉障碍者向前行走和辨别方向以到达目的地的通道。盲道分为行进盲道（图 5-5）和提示盲道（图 5-6）。行进盲道表面呈条状，使视觉障碍者通过盲杖触觉及脚感，指引视觉障碍者直接向正前方继续行走的盲道（图 5-7）；提示盲道表面呈圆点形，用在盲道的起点处、拐弯处、终点处和表示服务设施的位置以及提示视觉障碍者前方将有不安全或危险状态等，是具有提醒注意作用的盲道（图 5-8、图 5-9）。盲道的使用在起到引导作用的同时，其存在也可以起到一定的警示作用（图 5-10）。

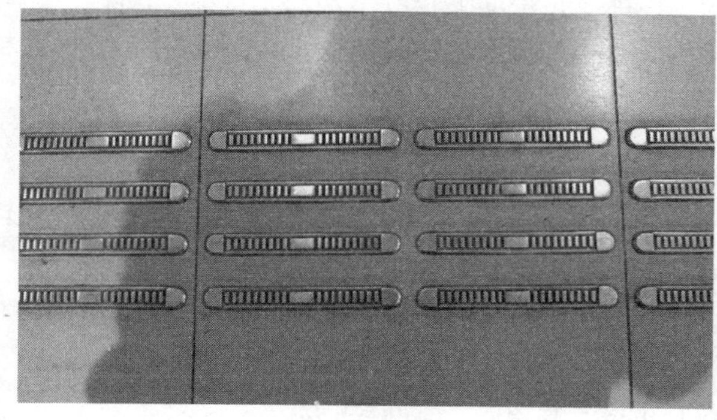

图 5-5 行进盲道

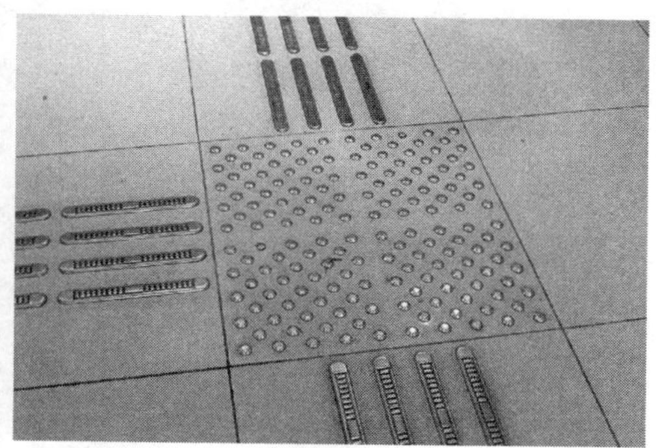

图 5-6 提示盲道

图 5-7　人行道上的行进盲道

图 5-8　入口前的提示盲道

图 5-9　楼梯止跑处的提示盲道

图 5-10　地铁站台的盲道

盲道一般设置在人行道和活动场地上，通行者包括正常人群、乘轮椅者、使用婴儿车者及拖拉物品的人。由于规划、设计、施工和后期维护在某些环节的脱节，产生了一些盲道在某些人行道上会给其他使用者带来行走上不便的状况，特别是宽度很窄的人行道，盲道铺设于中间，两边剩下的宽度无法满足一辆轮椅正常通过，在盲道上推行者和乘坐者都很费力和不舒服（图 5-11），在雨雪天气路面不易清洁，存在湿滑的危险。

另一方面盲道的设置是否能引领视觉障碍者行走，或者说视觉障碍者是否依赖盲道来行走，这也是设置盲道时应该了解的内容。目前，一些盲道的现状无法满足使用要求，给本来应无障碍通行的盲道带来了诸如断行、没有避开障碍物安全绕行等状

图 5-11　形成“障碍”的盲道

况。很多使用盲杖的视觉障碍者更愿意用盲杖探寻路边花池、路缘石等更明显不易变的物体来明确方向，但沿路缘石的人行道上经常种植行道树，给这种行走带来不便。

在我国，盲道，特别是行进盲道，很长一段时间之内成为了衡量一个城市无障碍建设完善与否的标准。不少人认为盲道修得越多，无障碍工作就做得越好。一时间，各个城市对盲道的建设全面铺开。我国也因此成为了世界上修建盲道最长的国家。可目前行进盲道的使用情况又如何呢？盲道被占用是最大的问题，有时盲道不仅没能为视觉障碍者提供帮助，甚至成为了他们的障碍，给他们带来了危险。如何提高盲道的利用率和安全性是目前需要解决的问题。近年来出现的一些其他的信息传递方式，比如声控传感器等，也在被逐步应用。调查表明，与盲道相比，音响信息更易被视觉障碍者接受，而且可靠性也更好，便携性导向装置、传感器、播放器、音响信号灯等的广泛使用也都是我们目前发展的方向。

新颁布的国家标准《无障碍设计规范》中除了第三章对盲道有基本的规定外，其他章节对盲道设置的规定主要涵盖有以下几个方面的要求：

(1) 在城市主要商业街、步行街的人行道和视觉障碍者集中居住的区域，其周边的道路要设置行进盲道。

(2) 当有坡道、台阶、楼梯、天桥等高差变化时，应在上下坡边缘处设置提示盲道，以提示视觉障碍者前方路面的变化。

(3) 净空高度小于 2m 而行人可误进入的地方，对于视觉障碍者来说是一个危险区域，容易发生碰撞，因此应在其结构边缘设置提示盲道。

(4) 道路周边场所、建筑等出入口设置的盲道应与道路盲道相衔接。

盲道的设置在新规范中相对老规范缩小了，并不是说盲道不重要了，而是根据导盲装备的发展，以及无障碍设计向通用设计的趋势发展的需要进行的调整。但这是需要经济发展、政府和社会福利措施的推行，以及使用者认知范围的增加来推动发展的。

城市主次干道的路口，以及城市主要商业街、步行街的人行道和视觉障碍者集中居住的区域的人行道处，配合信号灯设置的提示音响，可以更安全地使视觉障碍者通过人行横道。城市环境与交通的无障碍设施还包括在适合的场所，为视觉障碍者提供触摸和音响一体化的信息服务设施。这些设施加上关键部位提示盲道的设置，需要严格施工到位和后期维护来保障。

在现今科技高速发展的时代，导盲电子设备的品种和式样也日益丰富，更加方便使用。导盲设备可以将行走过程中的障碍物信息转变成音响、电脉冲等信息甚至是人造的视觉感受进行反馈，起到导盲的作用。如某种导盲仪利用了空间感知辅助技术，模仿蝙蝠用声波感知环境，帮助盲人用声音“看”世界。

导盲犬的历史可以追溯到 19 世纪初，但人们开始重视导盲犬是在第一次世界大战后，由于很多德国士兵失去了视力，德国开办了世界上第一个导盲犬训练学校。目前，在世界上很多国家都有导盲犬协会，这些机构大多数是民间的非营利慈善机构，他们培育训练导盲犬并免费提供给有视力障碍的人士，这些机构的经费大多源于慈善捐款。“世界导盲犬联盟”是一个国际性组织，为来自 26 个国家的 60 多所成员导盲犬训练学校提供技术指导，并推广鼓励使用导盲犬为视力障碍人士提供服务的概念。在发达国家已越来越普及的导盲犬，对于中国来说还是新生事物，新颁布的《无障碍环境建设条例》与新修订的《中华人民共和国残疾人保障法》中都规定，视力残疾人携带导盲犬出入公共场所，应当遵守国家有关规定，公共场所的工作人员应当按照国家有关规定提供无障碍服务。但规定的具体内容至今仍有待明确和补充。国内的山东、杭州等省市出台了相关的规则，允许盲人可以牵引导盲犬乘坐交通工具（图 5-12）。很多城市设有导盲犬的培训基地和培育中心，如中国导盲犬大连培训基地，导盲犬是免费赠予视力残疾人使用的，在申请和使用过程中申请人无须向基地缴纳任何费用。但是对申请人进行定向行走能力的实地评估及申请人来基地与导盲犬进行共同训练的吃住行及犬鞍费用需要自理。

图 5-12　杭州盲人携导盲犬出行

（资料来源：新华网）

导盲电子设备的使用和导盲犬的养育都需要使用者具备一定的经济基础，是视觉障碍者的出行选择。城市交通导盲基础设施的设置，如盲道、信息导盲设施等，是为视觉障碍者出行提供的基本保障。在进行盲道建设和维护的同时，城市交通信息无障碍的发展也应大力提倡，促进发展建设。

5.3　无障碍出入口

无障碍出入口是指在坡度、宽度、高度上以及地面材质、扶手形式等方面方便行动障碍者通行的出入口。

5.3.1　无障碍出入口的类别

1. 平坡出入口

平坡出入口是目前国内外建筑中最方便的出入口形式（图 5-13 ~图 5-16），同时体现了通用设计的理念，因此近年来被广泛应用。地面的坡度要小于等于 1 ：20，当场地条件比较好时，宜做到小于 1 ：30 的坡度。这种出入口需要注意的问题是解决好竖向设计的场地排水问题，防止积水倒灌。

图 5-13　平坡出入口 1

图 5-14　平坡出入口 2

图 5-15　平坡出入口 3

图 5-16　平坡出入口 4

2. 同时设置台阶和轮椅坡道的出入口

当出入口设置台阶时，应该在台阶的旁边或附近同时设置轮椅坡道，但不能采取只设轮椅坡道不设台阶的做法。设置轮椅坡道是为了满足乘轮椅者、推婴儿车等行动不便的人的通行需求，但轮椅坡道对于有一些人的行走是不方便的，比如，脚踝部受伤的人等，同时设置轮椅坡道和台阶可以给这一类人群提供适合的选择（图 5-17、图 5-18）。

图 5-17　同时设置台阶和轮椅坡道的出入口 1

图 5-18　同时设置台阶和轮椅坡道的出入口 2

3. 同时设置台阶和升降平台的出入口

这种类型出入口的造价和维护费用都比较高，另外存在一定的安全隐患，因此一般只适用于受场地限制无法做坡道的改造工程，在新建的建筑中不推荐选用。图 5-19 所示为在一老建筑的地下室设置酒吧，即结合楼梯设置了升降平台。

5.3.2　无障碍出入口的一般规定

（1）出入口的地面应平整，并且选用防滑的材料。

（2）出入口的平台要满足轮椅的回转、人员的停留及疏散的要求，平台的净深度在门完全开启的状态下，不应小于 1.5m。

（3）出入口的上方要设置雨篷，雨篷出挑的宽度宜能够覆盖出入口的平台。避免上方落下异物伤人和雨雪天气时地面湿滑使人滑倒摔伤。

（4）出入口的门厅、过厅如果设置了两道门，门扇同时开启时两道门的间距不应小于 1.5m（图 5-20）。

图 5-19　同时设置台阶和升降平台的出入口

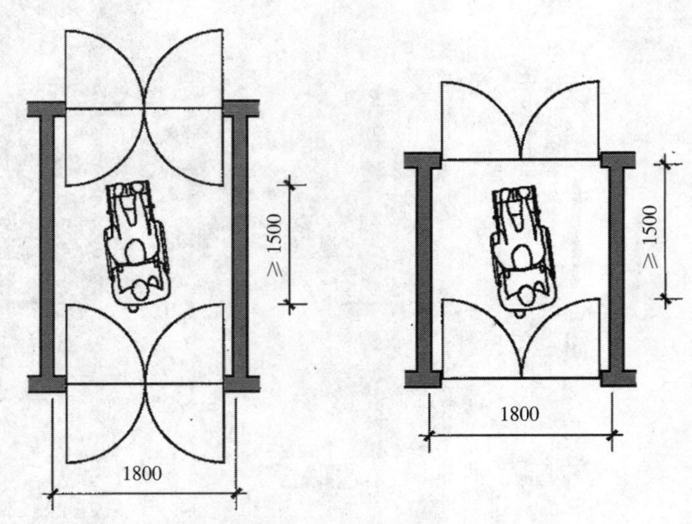

图 5-20　建筑物门厅在门扇开启后的最小深度（单位：mm）

（5）出入口的内外都应设置照度充足的照明灯具，使人能够分辨出台阶和坡道的轮廓。设置门禁的单元门，宜提供局部照明，使人能够分辨出门禁的操作按钮。

在建筑物的无障碍设计中，规范要求至少有一处为无障碍出入口，因此解决室内外高差的坡道成为一个重要的无障碍设施。在过去的改建过程中，坡道只是一个“加号”，在视觉和使用上，或“障碍”或“无障碍”地加上，以达到满足功能的要求。随着无障碍与设计概念的有机融合，可以通过坡道与出入口标识及景观进行“有形”的结合、或通过平坡出入口将坡道“无形”地消化（图 5-21、图 5-22）。

图 5-21　出入口坡道与建筑标识相结合 1

图 5-22　出入口坡道与建筑标识相结合 2

5.4　轮椅坡道

轮椅坡道是指在坡度、宽度、高度上以及地面材质、扶手形式等方面方便乘轮椅者通行的坡道（图 5-23）。设置坡道是最经济可行的解决交通高差的无障碍方式。在室外的人行道上存在高差设置台阶的地方，应该同时设置轮椅坡道。同时，设置台阶和轮椅坡道是一种非常常见的无障碍出入口形式。在建筑室内的无障碍通路上出现高差时，也需要设置轮椅通道。可以说轮椅通道是最重要的无障碍设施之一，是解决“可达性”的最关键的手段。

图 5-23　同时设置台阶和轮椅坡道的出入口 3

需要注意的是，轮椅坡道设置时尽量要避免其通行方向与行人的通行方向产生交叉和矛盾，在布置轮椅坡道时，尽可能将两个通行流线相平行。轮椅坡道的设置应避免干扰行人通行及其他设施的使用。

当无障碍坡道的坡度不大于 1 : 20 时，定义为平坡；当坡道的坡度在 1 : 20 与 1 : 8 之间时，定义为轮椅坡道。无障碍坡道的坡度不应大于 1 : 8。轮椅坡道的最大高度和水平长度在《无障碍设计规范》中都有具体规定。

5.4.1 轮椅坡道的设置原则

（1）建筑出入口设置坡道时要与建筑环境融合，避免浪费空间，还要考虑行人的通行路线，避免迂回或影响正常的通行（图 5-24）。

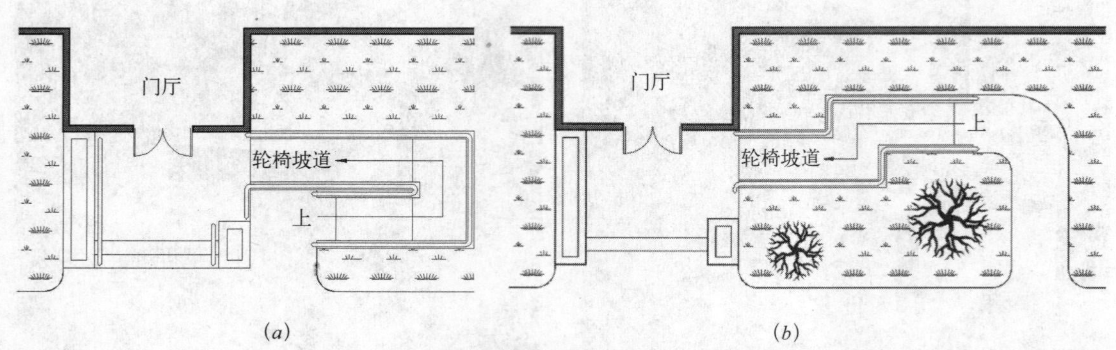

(*a*) (*b*)

图 5-24 台阶与坡道的起止点相对位置比较

(*a*) 台阶与坡道起点距离较近，便于使用者选择；(*b*) 台阶与坡道起点距离较远，不利于使用者选择

坡道的设置在一些坡地区域会带来占地大的问题，行走枯燥也带来心理性的劳累，这就需要从规划设计入手，结合景观，将行走的过程赋予积极的功能（图 5-25）。图 5-26 所示是重庆市某区域坡道与休闲空间相结合的范例，坡道的坡度做得比较缓，转折多，坡长较短，行走或推行不易疲乏。

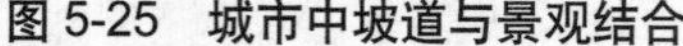

图 5-25 城市中坡道与景观结合

图 5-26 城市中坡道与休闲空间结合

在基地高差的无障碍处理上，还有一种长缓坡的处理方式，是在解决较大高差时平坡的一种设计形式。在保证路面不湿滑的前提下，健康人群更喜欢这种无负担的行走。在采用这种方式时，需同时为行动不稳和迟缓者，以及乘轮椅者提供必要的设施或其他的方式。如图 5-27 所示，同时设置了长缓坡、带栏杆扶手的台阶和轮椅坡道，可以观察到，健康人群多选择长缓坡通行。如图 5-28 所示，为在广场上将长缓坡与台阶结合处理。

图 5-27 长缓坡、台阶和轮椅坡道结合

图 5-28 广场上长缓坡与台阶的处理方式

（2）除了平坡出入口以外，在设置轮椅坡道的同时要设置台阶。

（3）设置轮椅坡道时，宜与首层住户的外窗保持一定的距离，以免对其隐私造成影响。当贴近设置时，要采取一定的遮挡措施。

5.4.2 轮椅坡道的一般规定

（1）轮椅坡道的形式宜设计成直线形、直角形或折返形（图 5-29）。

（2）轮椅坡道的坡面应平整、防滑、无反光。

坡面上不能选用质地坚硬的石材并进行抛光处理。这种做法非常危险，特别是在雨雪天气时，人在上面走容易滑倒。也不宜为了增大摩擦力，将坡面做成礓礤形式，或是作割槽处理，这样的做法会使乘轮椅者感到行驶不畅。而且，当坡面表面被沙尘、泥土覆盖时，凹槽会被填平，不能起到防滑的作用。

（3）无障碍出入口的轮椅坡道不宜做得太宽，以节省空间。

1.2m 的宽度能保证一辆轮椅和一个人侧身通行，或者是一个人搀扶另一个人行走（图 5-30）。

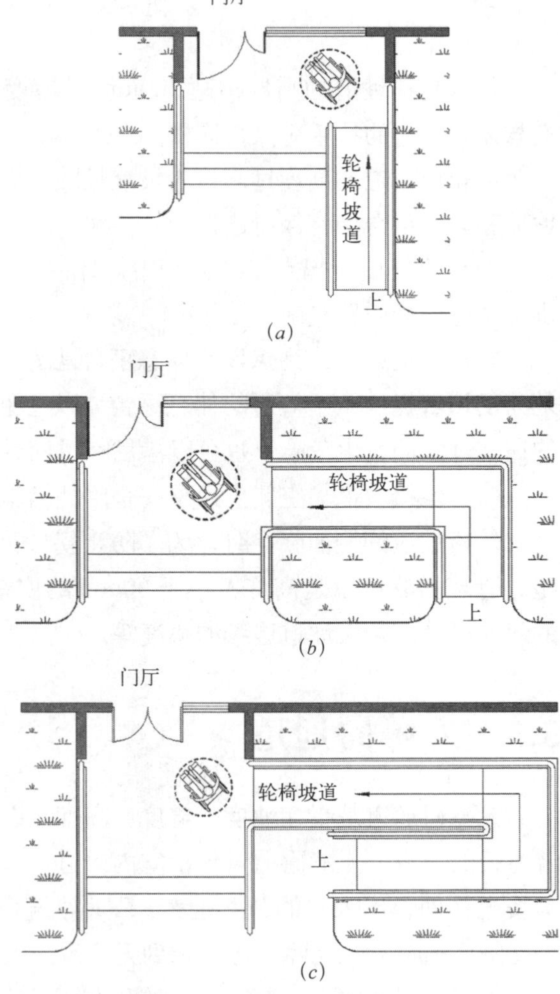

图 5-29 常见的三种坡道形式

（a）直线形；（b）直角形；（c）折返形

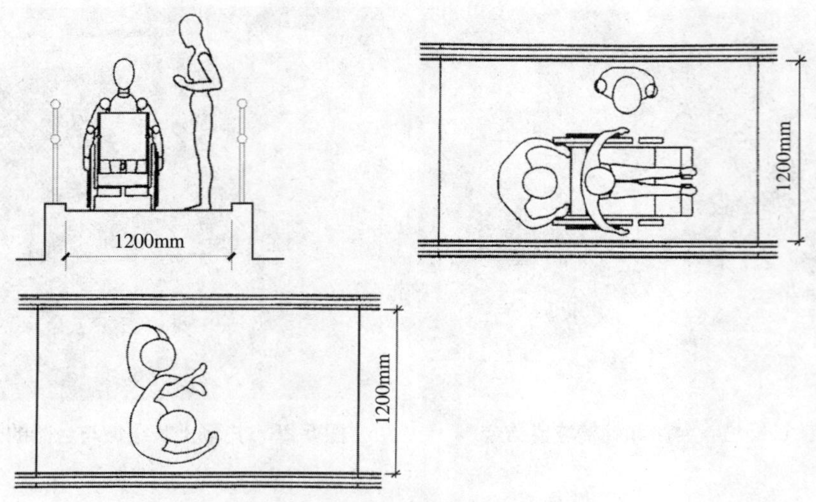

图 5-30　无障碍出入口的宽度

（4）轮椅坡道的高度超过 300mm 且坡度大于 1∶20 时，要在两侧设置扶手，轮椅坡道与休息平台的扶手应保持连贯。

当轮椅坡道的高度过高或者坡度较陡时，使用者需借助扶手才更加安全，扶手应该在坡道和休息平台始终保持连贯。

（5）轮椅坡道起点、终点和中间休息平台的水平长度不应小于 1.5m，为乘轮椅者提供一个轮椅的回转空间。

轮椅坡道起点、终点设置休息平台是为了方便乘轮椅者进行回转，中间设置休息平台是为使用者提供一个短暂的休息平台，以避免体力不支，下行时可作为缓冲，以避免轮椅的速度过快而发生危险，也可以满足临时回转，调整方向调头行驶。

（6）轮椅坡道临空侧应设置安全阻挡措施。

轮椅坡道的侧面临空时，为了防止拐杖头和轮椅前面的小轮滑出，所以应设置遮挡措施。遮挡措施可以是高度不小于 50mm 的安全挡台，也可以做与地面空隙不大于 100mm 的斜向栏杆，加大坡道边缘的宽度等。

5.5　无障碍通道

无障碍通道是指在坡度、宽度、高度上以及地面材质、扶手形式等方面方便行动障碍者通行的通道。无障碍通道包括室内通道及室外通道。室内无障碍通道如住宅中连接住户与楼电梯间、出入口的公共走廊；公共建筑中无障碍流线中的走廊、厅等（图 5-31）。室外无障碍通道如从无障碍停车位到无障碍出入口的通道等。

无障碍通道的布局要一目了然和有明显的方向性。曲折、漫长、黑暗的通道会给人带来不方便及不好的心理感受。此外，还需要满足乘轮椅者的通行及救护担架的顺利出入。无障碍通道的设计要点归纳起来主要有以下几点：

（1）公共走廊的形式宜简短、直接，迂回的走廊不利于担架、轮椅的转弯和通行。

（2）走廊内不得出现影响轮椅通行的台阶，如果不得不存在有高差的情况，设置台阶的同时应设置坡道。

（3）室内无障碍通道的净宽度不应小于1.2m，这个宽度刚好能满足一辆轮椅加一个人的侧身通过，这是一个最低要求。考虑到紧急情况发生等因素，走廊要在尽端或中间某段部位局部做到1.5m宽以上，供轮椅回转和其他日常使用。如果将走廊做到1.8m，就能满足两辆轮椅的正面通过。

（4）地面应平整、防滑，并选择反光小或无反光的装修材料。

（5）固定在无障碍通道的墙、立柱上的物体（如消火栓、配电箱等）最好采用放在凹进的空间里或嵌到墙体里的做法。如果明装，当突出墙面宽度大于100mm时，这些物体距地面的高度不应大于600mm，这个高度在手杖可以感触的范围之内，视觉障碍者可以通过手杖感触到这些物体，从而避免伤害。探出的物体不能减少公共走廊通行的净宽度(图5-32)。

图5-31 室内的无障碍通道

（6）对通道上易产生头部磕碰的位置，一定要设置阻挡性的警示装置（图5-33）。

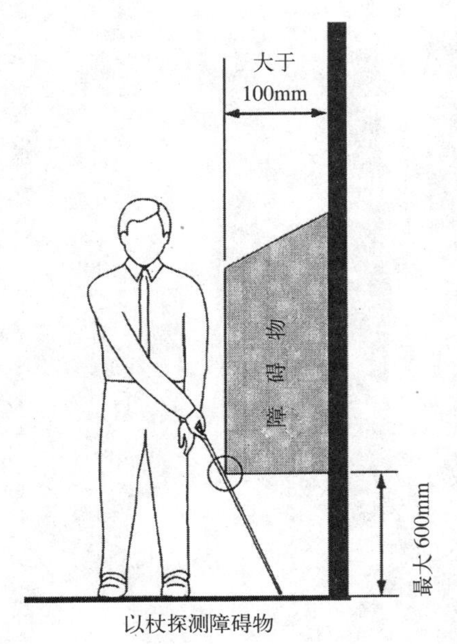

图5-32 固定在公共走廊的物体安装示意图

图5-33 扶梯下的阻挡警示栏杆

图 5-34 公共建筑门把手和闭门器

5.6 门

5.6.1 门的种类与选择

1. 平开门

平开门的优点是气密性、隔声性、耐久性好，便于安装锁具，安全性能好。缺点是开闭操作所伴随的身体移动幅度大，肢体障碍者使用不方便，门扇开启时会浪费一定的空间，可选用开闭时间较长的闭门器（图 5-34）。在人流较多的公共入口的大门，可以设置专用的供残疾人、婴儿车、老人等使用的无障碍门，门由专用的按钮控制，开闭的时间相对一半的门要长很多（图 5-35）。

图 5-35 专用的无障碍门

2. 推拉门

推拉式门的优点是开闭时所占的空间小，开闭操作所伴随的身体移动幅度比较小。

缺点是气密性、隔声性、耐久性较差，门扇下部安装轨道时，轨道突出于地面，容易绊脚或造成轮椅行驶不畅。

3. 折叠门

折叠门（图5-36）的优点是开闭时所占的空间小，适用于户内较为局促的空间。缺点是气密性、隔声性、耐久性较差，对门的配件要求较高，较易损坏。

图5-36　折叠门

4. 门的有效开启尺寸的要求

双扇门的门洞尺寸要保证每一扇开启后有效的通行宽度不小于800mm，乘轮椅者能够通过。

子母门的门洞尺寸要保证尺寸较大的一扇开启后，有效的通行宽度不小于800mm，乘轮椅者能够通过。

单扇的平开门、推拉门、折叠门要保证开启后的通行净宽度不应小于800mm。

5.6.2　门的一般要求

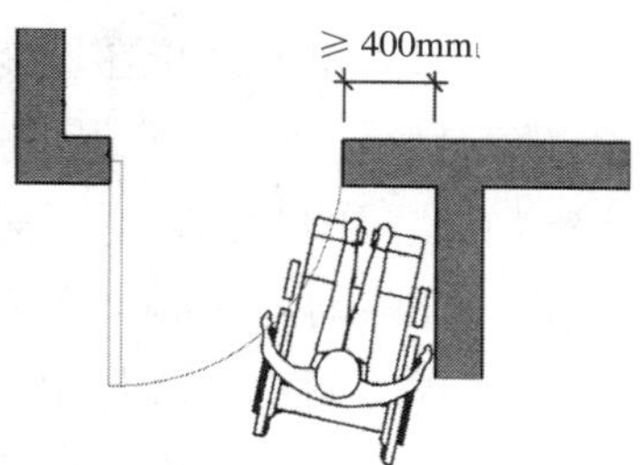

图5-37　门把手一侧的墙面预留尺寸要求

（1）在门扇内外宜留有一定的轮椅回转空间，以方便乘轮椅者完成开、关门的动作。

（2）在单扇平开门、推拉门、折叠门的门把手一侧的墙面，应设宽度不小于400mm的墙面，便于乘轮椅者能够侧向接近门把手，完成开关门的动作（图5-37）。

（3）平开门、推拉门、折叠门的门扇应设距地900mm的把手，宜设视线观察玻璃，并宜在距地350mm的范围内安装护门板。

（4）在设计及安装门时，应该注意避免室内外地面及门槛所形成的高差，如果不能避免，门槛高度及门内外地面高差不应大于15mm，并以斜面过渡（图5-38）。

（5）宜与周围墙面有一定的色彩反差，方便识别。

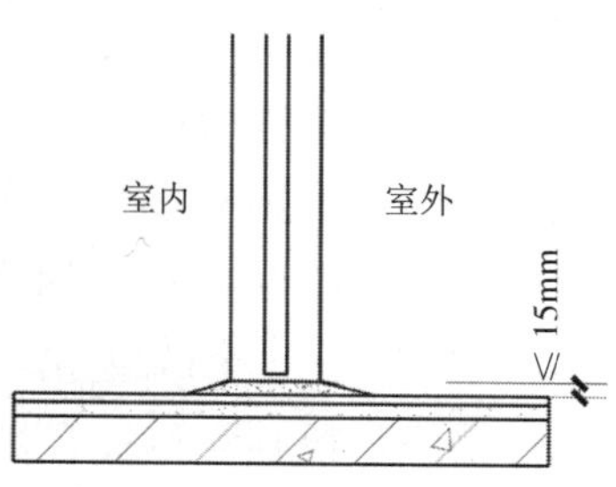

图5-38　门槛高度及门内外地面高差的处理方法

5.7　无障碍楼梯

楼梯是建筑中重要的垂直交通方式，特别是无电梯的普通住宅、低层公共建筑。肢体障碍者和老人平时要利用楼梯上下楼，抬担架紧急救护和紧急疏散也都要利用楼梯。不当

图 5-39　公共建筑的无障碍楼梯 1

的楼梯形式、细节上处理粗糙等都会影响到他们对上下楼产生更为严重的畏难情绪，甚至会带来危险。此外，楼梯还需要满足视觉障碍者的使用要求，给各类人群都带来方便。

无障碍楼梯是指在坡度、宽度、高度上以及地面材质、扶手形式等方面方便行动及视觉障碍者使用的楼梯。对于居住建筑来说，当无法提供无障碍电梯时，楼梯就要满足无障碍楼梯的要求。而对于公共建筑，面对公众的楼梯也应是无障碍楼梯（图 5-39、图 5-40）。

图 5-40　公共建筑的无障碍楼梯 2

5.7.1　公共楼梯的梯段尺寸

按照《住宅设计规范》（GB 50096—2011）的规定，楼梯梯段净宽不应小于 1.1m；楼梯休息平台的净宽不应小于楼梯梯段的宽度，且不得小于 1.2m。剪刀梯的梯段间为实墙，不利于担架的回转，这个数值还需放大到 1.3m 以上。

楼梯梯段临空侧设置栏杆时要设置遮挡措施，以防止拐杖头的滑出，遮挡措施可以是高度不小于 50mm 的安全挡台，也可以做与地面空隙不大于 100mm 的斜向栏杆等（图 5-41）。

图 5-41　楼梯临空侧设挡台

5.7.2　公共楼梯的踏步

按照《民用建筑设计通则》（GB 50352 — 2005）的规定，每段楼梯的踏步数不应超过

18 级，也不应小于 3 级。而踏步的高度和踏面的宽度对于行动不便的人在使用楼梯时的安全性和舒适性影响明显，过高或过低的楼梯踏步都不能采用。

同一梯段内的踏步高度应均匀设置。由于老年人等行动不便的人对于踏步高度的变化反应不敏感，施工及装修过程中造成的个别梯级高度异常的情况要避免出现，以防发生危险。

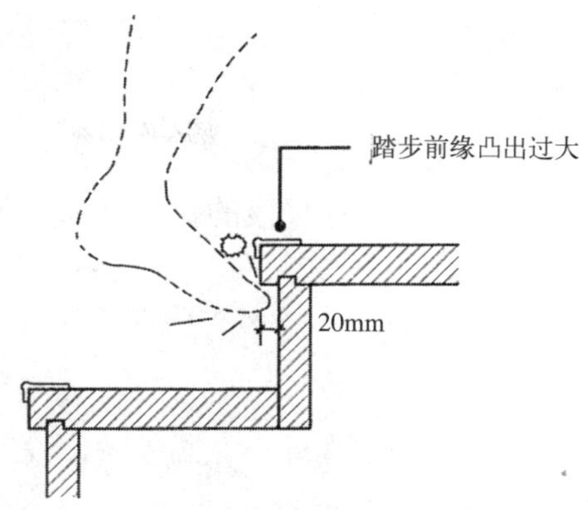

图 5-42 踏步前缘凸出过大 1

楼梯不应采用无踢面的踏步。无踢面的踏步会造成对鞋面的刮碰，踏步的前缘如有突出部分，不应设计成直角形，应设计成圆弧形，防止刮绊脚面和拐杖头（图 5-42 ～图 5-44）。

图 5-43 踏步前缘凸出过大 2

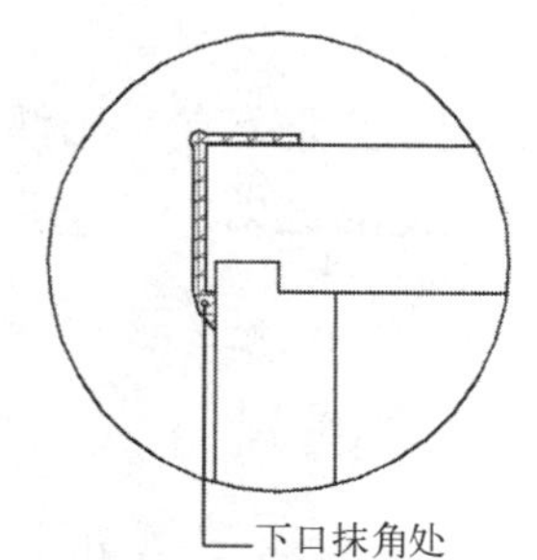

图 5-44 踏步凸出部的圆弧处理

楼梯的踏面应平整、防滑。踏面和踢面的颜色宜有一定的区分和对比。楼梯上行及下行的第一阶宜在颜色或材质上与其他阶有明显区别，这样做的目的是提醒视觉障碍者注意前方踏步的转折变化。距踏步起点和终点 250 ～ 300mm 宜设提示盲道，可以提示视觉障碍者前方高度发生变化。

5.7.3 楼梯的扶手

楼梯在满足净宽度的前提下宜在两侧做扶手。设置双侧扶手有两个作用，其一，能够发挥惯用手的作用，使行动不便的人使用楼梯时更加安全和方便。调查表明，人的惯用手的握力和反应速度等都比非惯用手为佳。其二，一侧上肢受损的人，比如偏瘫患者，在使用楼梯时只能由健全一侧的手配合用力才能保证上下。

楼梯的扶手要保持连贯，在平台处，内侧的扶手也宜保持连续。

5.7.4 楼梯间的通风、采光和照明

公共楼梯间宜尽量争取对外开窗。一方面可以保证楼梯间内白天的采光，另一方面也可以促进楼梯间的通风，提高卫生条件。

楼梯间照明灯具的布置应能形成充足的照度，并均匀覆盖到楼梯间和休息平台，并宜与各户户门内的照度接近。

灯具设置的位置要避免通行者自身遮挡形成阴影。有条件时，宜在每个梯段上下两端设置脚灯，可以使梯段的轮廓更加分明，易于辨识。

5.8 台阶

当建筑的室内外存在高差时，设置台阶是常用的处理方式。台阶的设计要点归纳起来主要有以下几方面。

5.8.1 台阶的位置和踏步数

台阶的位置应明显，通常宜正对出入口大门。台阶与坡道的起始处不宜距离过远，以方便使用者选择。

台阶的踏步数不宜小于两级。当入口平台与室外地坪的高差在150mm以内时，老人等行动不便的人对一步台阶不敏感，容易被绊倒，导致摔跤，宜直接设置缓坡道相连接。

5.8.2 台阶的尺寸

台阶的尺寸不宜过大也不宜过小，以免行动不便的人因步幅不适而摔倒。每级踏步的高度应该均匀设置，以方便蹬踏。通常情况下，室外台阶踏步的宽度不宜小于300mm，高度不宜大于150mm，并不宜小于100mm。

5.8.3 台阶的踏步

台阶的踏面应该平整，并选用防滑的材料，不应选择容易引起视觉错乱的条格状图案，以免影响视觉障碍者的正确识别（图5-45）。

台阶上行及下行的第一阶宜在颜色或材质上与其他阶有明显区别或在踏面和踢面的边缘做垂直和水平的色带以提醒视觉障碍者踏步的变化（图5-46）。

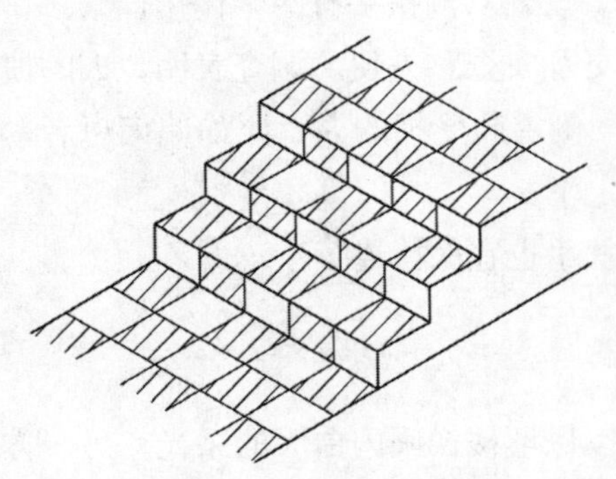

图5-45　条格状图案的台阶

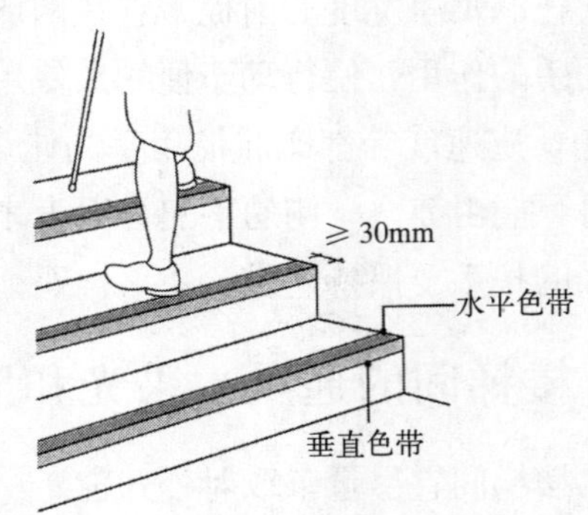

图5-46　踏面及踢面的边缘做垂直和水平的色带

5.8.4 台阶扶手的要求

三级及三级以上的台阶应在两侧设置扶手。这是因为当台阶比较高时，在其两侧做扶手对于行动不便的人和视力障碍者都很有必要。扶手可以减少他们在心理上的恐惧，并对其上下台阶的动作给予一定的帮助。人流比较大的公共空间的宽大台阶，还要酌情设置中间扶手（图 5-47、图 5-48）。

图 5-47 台阶的中间扶手 1

图 5-48 台阶的中间扶手 2

台阶侧面临空时，在栏杆下方宜设置安全阻挡措施，以免使用拐杖等助行器具的人不慎将拐头滑出台阶侧边，造成危险。遮挡措施可以是高度不小于 50mm 的安全挡台，也可以做与地面空隙不大于 100mm 的斜向栏杆等。

5.9 升降平台和扶梯

升降平台是一种方便乘轮椅者进行垂直和斜向通行的设施。扶梯和升降平台，适宜在空间局限的区域设置，也是建筑物解决高差衔接的有效措施（图 5-49 ~ 图 5-52）。这种方式在设备的初期设置和后期运行维护上需要有经济支持。需注意的是，同时设置台阶和升降平台的出入口是无障碍出入口，而同时设置台阶和扶梯的出入口不属于无障碍出入口。

图 5-49 同时设置台阶和升降平台的出入口

图 5-50　斜向室内升降平台

图 5-51　垂直室内升降平台

图 5-52　同时设置台阶和电动扶梯的出入口

5.10　无障碍电梯

无障碍电梯是指适合行动障碍者和视觉障碍者进出和使用的电梯。电梯是居住建筑中最为便利的垂直交通方式。目前的《住宅设计规范》和《无障碍设计规范》规定：7 层及 7 层以上的住宅要设置电梯，并且要求设置电梯的居住建筑每个居住单元至少设置一部无障碍电梯。目前，中高层和高层住宅都按规范的要求配置了电梯，但由于种种原因，仍然造成了乘轮椅者使用不便或在用担架紧急救助急重病患者时发生困难。前者往往是由于从家门口到电梯门之间的路线上存在高差，后者则是由于电梯厅或者轿厢的深度不足。因此，电梯的理想配备是大多数人乘坐的同时还要满足这两类特殊人群的使用。

5.10.1 候梯厅

候梯厅的设计要点归纳起来主要有以下几点：

（1）住宅电梯应在设有入户门和公共走廊的每层设站。入户门与电梯厅之间要做到没有高差，如果出现高差要设置坡道连接。

（2）乘轮椅者在到达电梯厅后，要转换位置和等候，因此候梯厅深度不应小于 1.5m，如果兼顾到多人等候和运送救护担架等情况，还应该适当地放宽。候梯厅内有时候会设置消火栓等设施，设计时最好能够暗装，以免过于突出占用通行空间。

（3）候梯厅的周围通常会有消防前室门、楼梯间门等，应注意门的位置和门洞宽度等，要满足轮椅和担架的通行。

（4）电梯呼叫按钮高度在 0.9 ~ 1.1m 比较合适，建议设置盲文（图 5-53）。候梯厅还要设置电梯运行显示装置和抵达音响。

（5）电梯出入口处宜设提示盲道，方便视觉障碍者确定等候的位置。

图 5-53 带盲文的呼叫按钮

5.10.2 轿厢

（1）电梯轿厢的尺寸必须满足轮椅乘坐的要求。

电梯轿厢的最小规格为深度不小于 1.4m，宽度不小于 1.1m，这种尺寸的轿厢，轮椅进入后不能回转，只能是正面进入、倒退而出。中等规格为深度不小于 1.6m，宽度不小于 1.4m，轮椅正面进入电梯后，可在里面调整方向后正面驶出电梯。如果有条件，最好设置一部能够容纳救护担架床的电梯。

（2）电梯轿厢的轿厢门开启的净宽度不应小于 800mm。这是能保证轮椅通过的最低宽度要求。

（3）轿厢内部的选层按钮，高度在 0.9 ~ 1.1m 左右，轿厢的三面壁上要设置扶手，高度在 850 ~ 900mm 左右。轿厢正面高 900mm 处至顶部应安装镜子或采用有镜面效果的材料。轿厢内应设电梯运行显示装置和报层音响（图 5-54）。

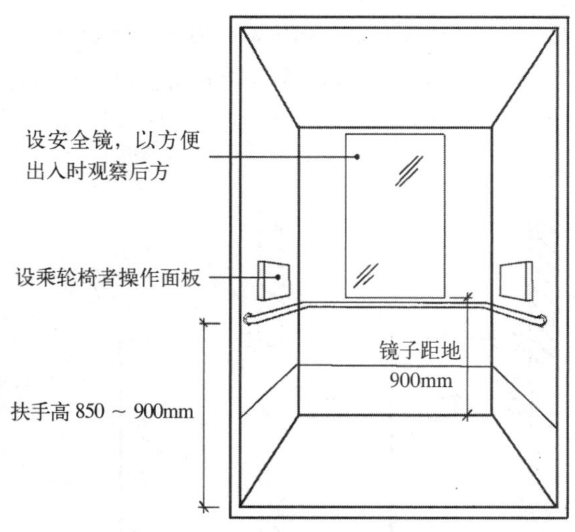

图 5-54 电梯轿厢内部示意图

5.11 扶手

图 5-55 公共空间内台阶的两侧扶手

对于部分肢体障碍者和老年人来说，生活中需要经常重复的简单动作，如：行进、弯腰、下蹲、起身等，会变得非常困难，甚至引发危险。因此，需要在一些地方设置扶手，让手发挥配合作用辅助他们完成腿部动作。

5.11.1 扶手的设置原则

扶手要设置在走路吃力和容易出现失误的位置，并应保持连贯。

公共空间设置扶手时，宜在双侧均设置扶手，以方便一侧肢体有障碍的人士使用（图 5-55）。这里提出注意的是，改造工程在楼梯间内加双侧扶手时应该满足相关规范对梯段宽度的要求，不能影响疏散和搬运大件家具。

扶手及其连接件应安装牢固，满足一定的抗压强度和抗拉强度要求。扶手的连接固定件和支座主要起支撑作用，因此对强度要求较高，扶手的本身也要满足一定的强度。比如：扶手材料的厚度不足，受力情况下就会产生弯曲变形，在老年人和残疾人使用时会比较受力，产生弯曲和变形都有可能会导致失手。

5.11.2 扶手的一般规定

单层扶手的高度应为 850 ~ 900mm，双层扶手的上层扶手高度应为 850 ~ 900mm，下层扶手高度应为 650 ~ 700mm（图 5-56）；根据实际情况，由设计师确定是否做双层扶手（图 5-57）。

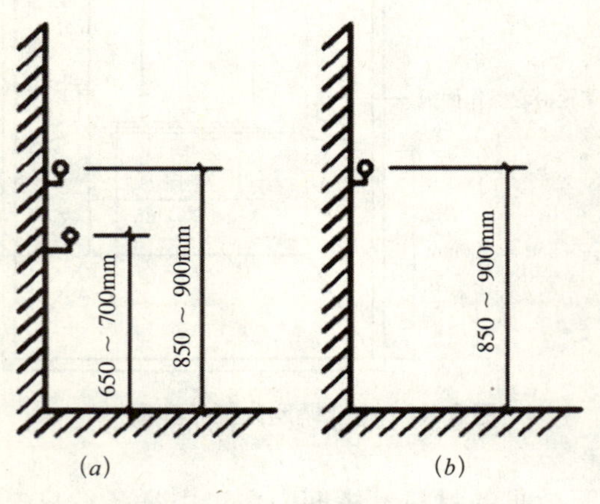

图 5-56 扶手安装高度示意图

(*a*) 双层扶手示意图；(*b*) 单层扶手示意图

图 5-57 双层扶手

楼梯和坡道靠墙面的扶手起点和终点处应水平延伸不小于300mm的长度。这样的做法是由于人手在身体前侧撑扶扶手，延伸一定的长度可以保证脚踏平稳了手再移开，使人的身体在整个梯段的使用过程中都能得到支撑（图5-58）。

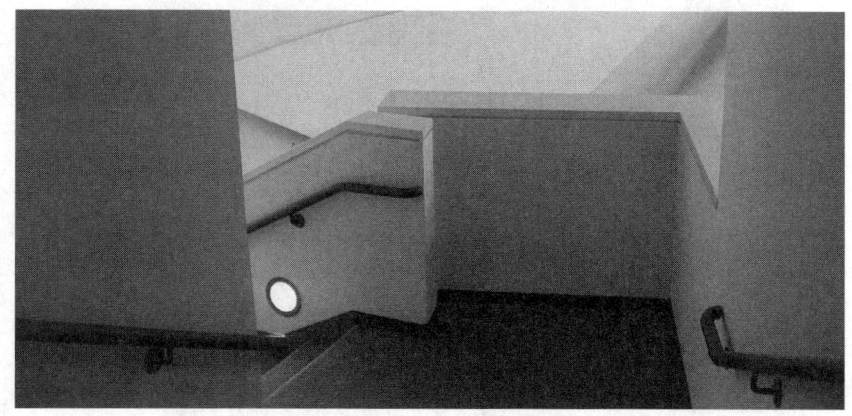

图5-58　扶手起终点

扶手末端应向内拐到墙面上或向下延伸不小于100mm，栏杆式扶手宜向下成弧形或延伸到地面上固定（图5-59）。设计师根据这个原则灵活掌握，可以设计出不同的兼具美感的扶手（图5-60～图5-63）。

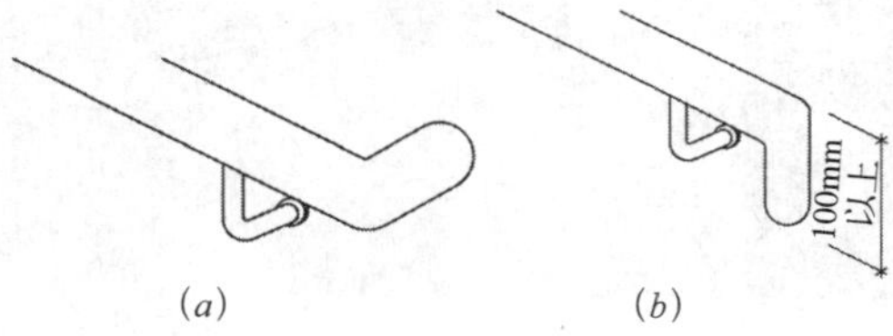

图5-59　扶手安装高度示意图

(a) 扶手向内拐至墙里的做法；(b) 扶手向下延伸的做法

图5-60　兼具无障碍与美感的扶手1

图5-61　兼具无障碍与美感的扶手2

图 5-62　兼具无障碍与美感的扶手 3

图 5-63　兼具无障碍与美感的扶手 4

扶手的形状应便于人手掌的抓握。圆形扶手的直径为 35 ~ 50mm 是比较合适的尺寸，矩形扶手的截面尺寸在 35 ~ 50mm 之间比较合适。扶手内侧与墙面的距离不宜过小，这一尺寸，规范要求是不小于 40mm，太小会妨碍手的插握。

扶手的固定件的形状常见的有 I 形和 L 形。I 形截面的扶手固定件横向安装时，会对使用者行进时手部的移动造成一定的阻碍，而 L 形则没有这种情况（图 5-64）。

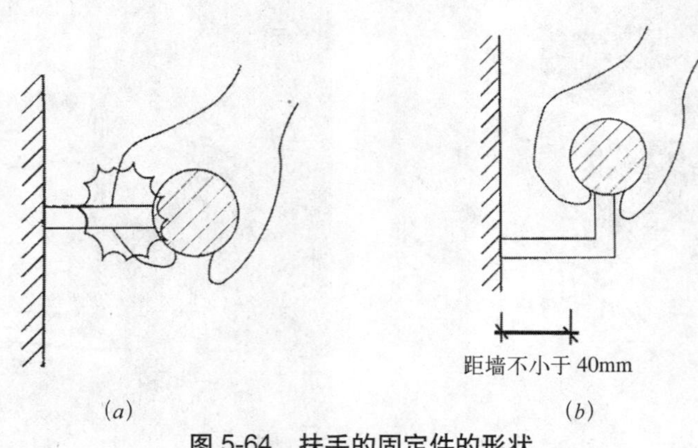

图 5-64　扶手的固定件的形状

(a) I 形截面的扶手固定件；(b) L 形截面的扶手固定件

扶手的材质应满足防滑的要求，室外的扶手宜选用热惰性指标好的材料，这样的材料对温度的变化波动不敏感。

5.12 无障碍停车位

无障碍停车位是方便行动障碍者使用的停车位，包括无障碍机动车停车位、残疾机动轮椅车停车位以及一些特殊人群的停车位。目前可以量化要求的，是无障碍机动车停车位，这是《无障碍设计规范》中涉及的内容，并根据各用地和建筑类型规定有不同的设置指标。

图 5-65 建筑入口附近的无障碍机动车停车位

无障碍机动车停车位，本着就近的原则，设置在靠近停车场所、建筑物或景区出入口的位置（图 5-65），并通过无障碍通道、无障碍竖向交通等到达目的地。设计师在设计时，根据规范要求在车位间预留 1.2m 的通道，但容易忽略轮椅离开车位后通道的无障碍和有效宽度的保障。地面停车场极易受到机动车通行的干扰，存在不安全性，应留出供轮椅通行的安全通道；地下车库，要注意轮椅通道的设置尽量避开车档、排水箅子等地面障碍物，通往无障碍垂直交通的门洞处不设置门槛，保障通行畅通（图 5-66、图 5-67）。

图 5-66 无障碍机动车停车位与轮椅通道 1

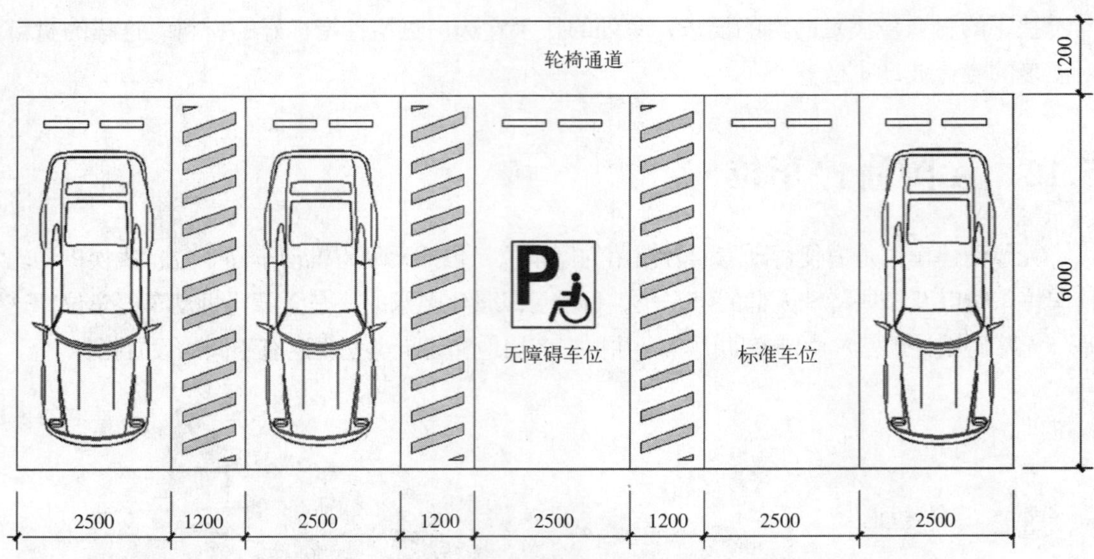

图 5-67　无障碍机动车停车位与轮椅通道 2（mm）

残疾机动轮椅车，是指专供下肢障碍者使用的非机动车。下肢障碍者经过核实身份及健康程度后可以申请车牌照使用。使用者以中低收入者为主，经常在菜市场、超市、医院及残联办公服务建筑和公园门口等处出现。在这些场所及其他公共场所的自行车停放处或靠近出入口的区域，如果能设置专用残疾机动轮椅车的停车位会给使用者带来很大的方便(图 5-68)。

图 5-68　无障碍非机动车停车位

笔者曾在中国台湾的一处景区入口处，看到标示“妇幼专用”的停车位（图 5-69），这在停车场设置量没有随机动车保有量成比例增加的大陆城市还不能实现，但尽可能为特殊需要的人群提供出行方便的理念，将随着无障碍工作的普及和惠及到更多的人群。

图 5-69　中国台湾景区“妇幼专用”机动车停车位

5.13　无障碍卫生间

无障碍卫生间既包括小型的、无性别的无障碍厕所，还包括设置无障碍洗手盆、厕位、小便器等设施的公共厕所。在大型公共建筑的卫生间中，就不应只是满足简单的“无障碍规范”的要求，人性化做得好的设计，应考虑到儿童、老人、急救等的需求（图 5-70）。图 5-71 所示为儿童卫生器具。图 5-72

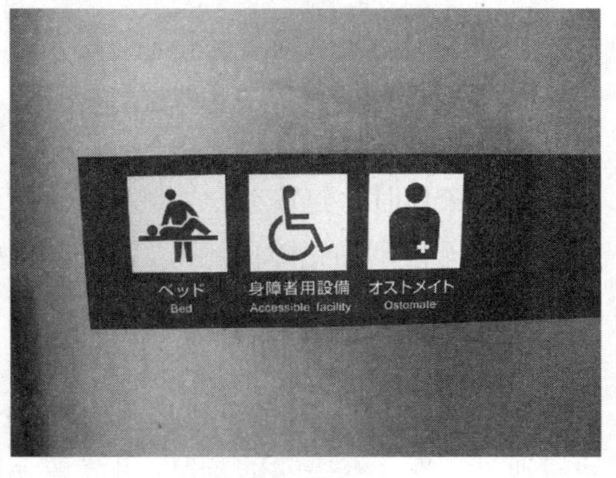

图 5-70　考虑到各种人性化需求的卫生间

所示为母婴卫生设备。图 5-73 ～图 5-75 所示为一个设施非常齐全的无障碍卫生间。图 5-76 所示为在一个狭小的空间内，通过精心的配置也能提供一个合理的无障碍卫生间。

图 5-71 儿童卫生器具

图 5-72 母婴卫生设备

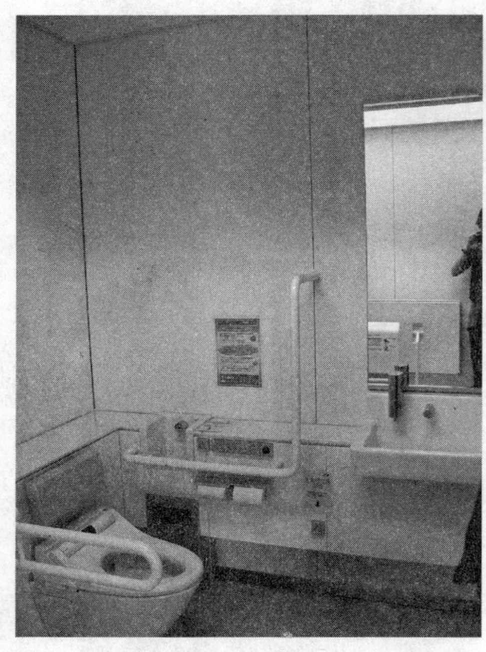

图 5-73 设施齐全的无障碍卫生间 1

图 5-74 设施齐全的无障碍卫生间 2

在有条件时，建议在公共厕所内设置无障碍洗手盆、厕位、小便器等设施的同时，在邻近设置无性别的无障碍厕所。现在在中国的各个城市，有无性别的无障碍厕所被占用、闲置的情况，所以就出现了建议不再做这种无障碍厕所的声音，但笔者认为，这种情况的出现主要是管理问题，而不是没有功能的需求，而且这种厕所在需要时可以灵活地开放给老年人、孕妇、带小孩的人等人士使用。比如在剧院中，场间休息时公共卫生间需要排队，可以通过管理，有序安排老人、儿童等使用无障碍厕所。

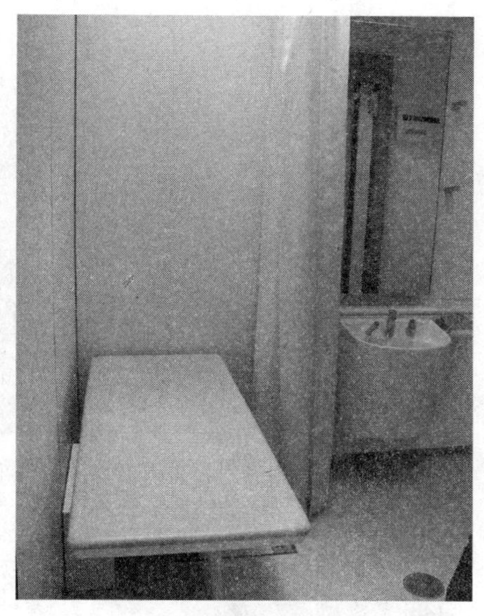

图 5-75　设施齐全的无障碍卫生间 3

图 5-76　在狭小空间内的无障碍卫生间

5.14　服务设施

人行道上设有服务设施时应注意以下几点：

（1）应为残障人士提供方便。

在人行道上，服务设施的旁边同时设有低位服务设施能够给乘轮椅者带来方便，比如：低位的电话、低位的饮水器等。需要注意的是低位服务设施在高度上应方便乘轮椅者使用，前面要留有供轮椅回转的空间。

（2）当设有屏幕信息服务设施时，宜同时提供触摸及音响一体化信息服务和屏幕手语、文字提示信息服务。同时，提供触摸式语音辅助系统可满足视觉障碍者获取同等信息的需求，而屏幕上提供手语或配以文字提示则可以为听觉障碍者带来方便。

（3）人行道上设置休息座椅时，应在休息座椅的旁边留有轮椅停留空间，以方便乘轮椅者与他人交流（图 5-77）。

图 5-77　人行道旁的休息座椅

5.15 无障碍标识

无障碍标识包括的内容非常丰富，包括位置标志、导向标志、平面示意图、信息板、街区导向图等（图 5-78 ～图 5-80）。《标志用公共信息图形符号　第 9 部分：无障碍设施符号》（GB/T 10001.9—2008），是针对无障碍标识的国家标准，该标准规定了视力障碍、行走障碍、听力障碍等 15 个供残疾人、老年人、伤病人及其他有特殊需求的人群使用的标志用公共信息图形符号。这些图形符号广泛适用于机场、车站、码头、商场、医院、银行、邮局、学校、公园、各类场馆等公共场所，也适用于运输工具和其他服务设施。

一般来说，城市环境和建筑内的标识系统应统一设计，将无障碍标识纳入其中。图 5-81、图 5-82 所示为一个建筑内系统性的标识设计。无障碍标识可分为文字标志、图形标志以及图文标志三大类。

图 5-78　建筑入口处布置平面示意图并分发纸质平面图

图 5-79　导向标识

图 5-80　公园示意图

5.15.1 文字标志

为弱视者设计的文字标志应位置准确、足够大小、显示与背景之间有足够的对比。调查表明，无论是外文、数字，还是汉字；字符高度、笔画数量、笔画粗细、字体风格、字高宽比及间距都直接影响其可辨认度。

1. 字符高度

根据 Peters & Adams 公式，当字符高度与认视距离之间符合 $H=0.0022D+0.335$ 的公式时，有利于弱视者辨认。公式中 H 为字符高度，D 为认视距离。

2. 笔画数量

汉字作为一种象形的文字，与字符型的文字有很大的不同。汉字笔画的数量会影响认视

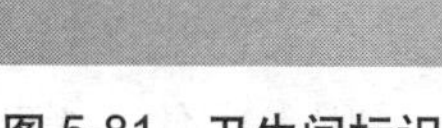

图 5-81　卫生间标识

图 5-82　无障碍席位标识

的距离和时间。一方面弱视者认视笔画数量较多的字，相对需要的时间较长；另一方面无论哪种字体，10 画以上的字的认视距离明显低于 1 ~ 9 画的字。这是因为，较多的笔画使汉字的空间拥挤，字的细节和特征不易掌握，降低了字的易认性。

3. 笔画粗细

过粗或过细的笔画均可使认视距离降低。过粗的笔画使字体笔画空间减小，过细的笔画在高亮度下，因字符的背景亮度加大，而影响辨认。

4. 字高宽比及间距

对外文和数字采用 3 : 2 至 5 : 3 的高宽比，字距采用 $1.2d \sim 1.4d$（d 为笔画宽度），词语间隙不小于 $3.0d$，行距不小于 $1/3h$（h 为字高）；对汉字可采用 3 : 2 至 4 : 3 的高宽比，字距采用 $0.25h \sim 0.30h$（h 为字高），词语间隙不小于 $0.75h \sim 1h$，行距不小于 $1/3h$。

5. 字体风格

汉字的字体风格繁多，给设计带来了很大的灵活性。但复杂的字体特征不便认视，在同样条件下，使用新宋、宋体、黑体、仿宋四种字体有利于弱视者辨认。

5.15.2　图形标志

醒目明晰的图形标志可增强视觉冲击力，增加弱视者正确获取信息的机会。根据视觉设计的原理和弱视者的视觉特点，图形标志的设计应符合以下原则：

（1）图形与背景界限清楚、关系明晰、反差明显、静止稳定。

（2）图形宜闭合完整、简单明了，构图要素尽量采用水平或垂直的块、面，避免用单线、曲折线或不规则的线条构图。

（3）图意对应一致，确定的图形能唯一涉及某个物体或动作，且该个物体或动作对于观察者来讲，其意义独一无二、明白无误。

5.15.3 图文标志

1. 图文标志的亮度、对比

图文标志的辨认，主要依靠其表面亮度和图文与背景的亮度对比。图文标志的可见度对弱视者的辨认影响很大，应多采用亮图文标志或暗背景的图文组合方式。

2. 图文标志的色彩组合识别标志设计

在选择适宜的图文标志亮度后，利用好色彩对比还可以进一步提高其易识性。对测试者的实验显示：图文标志、背景色彩组合的易识性与目标亮度有关，亮度越大，易识性越好；不同的亮度水平应选择不同的色彩组合。如图 5-83 所示，用大字体，其对比突出的颜色标示出楼层。

图 5-83　大字体楼层标识

6 无障碍规划及室外环境

城市性活动是步出家居范围的一个社会性空间大集合，包括室外空间和公共建筑空间内的活动，涉及工作、学习、参观、休闲、交往、治疗、康复、居家外起居生活等多项活动。随着社会经济环境和人类社会活动的不断发展、变化，建筑类型和空间观念的不断演绎和日益深化，以及科技和网络平台的发展，城市性活动的范围和方式也在发生变化。因此，城市性活动中的无障碍内容，不只是提供某种到达和使用的方便，它应是更大范畴上的一种概念，涉及使用者整个生命周期的过程，涉及心理、生理的发展需求。达到城市性活动的无障碍目的，是要创造无障碍的环境，包括：建筑物、道路、交通工具的无障碍，信息和交流的无障碍，以及人们对无障碍的思想认识和意识等。

城市性活动的无障碍设计，从空间上可划分为室外和室内两个活动区域。本章主要涉及室外区域的内容，室内区域的内容见本书的第 7、8 章。

无障碍规划指的是在城市或者街区尺度对于无障碍环境的规划，目标是要为在其中的一切人提供"无差别的服务"，系统性是其首要原则。

无障碍环境体系规划是城市规划众多体系元素的有机组成部分。包括新建城市或城区的规划和既有的城市环境的改造，其中后者占大多数。改造性的规划工作，涉及现有条件的梳理、分析，综合改造和新建的内容，而且不可避免地要有面对现实条件的妥协。新建项目的无障碍规划的案例，如北京 2008 年奥运会的无障碍规划等；改造项目的无障碍规划包括北京西单（图 6-1、图 6-2）、王府井的无障碍规划等。

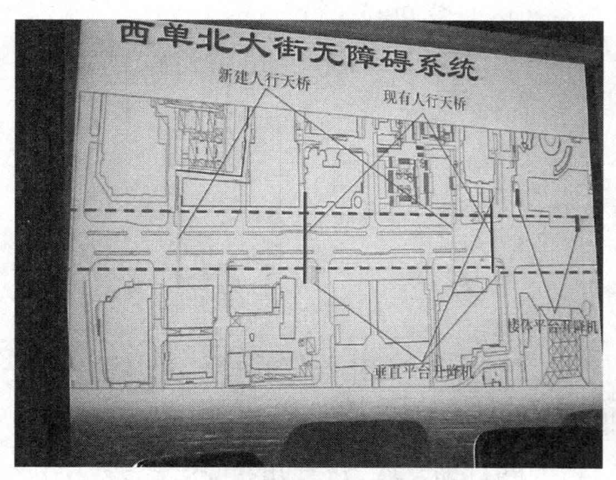

图 6-1 北京西单无障碍改造规划 1

图 6-2 北京西单无障碍改造规划 2

无障碍设计室外空间的组成，一部分是城市道路、过街天桥和地道、公交车站等解决交通通行的内容；另一部分是赋予了特殊使用功能的空间，如休闲、游览、健身、交往、兼有集会和布展功能的城市绿地、园林、广场等，此外还包括一些建筑的室外空间。

不同的城市区域对于无障碍系统的需求也是不同的，分区域的规划需明确定位和原则，以更有针对性和实效性。这个过程也是个综合论证、听取各方意见的过程。

根据现实情况，依据各个区域对无障碍环境的依赖程度高低，需要对分期实施有个总体的规划和落实的工作计划。包括：规划文本、技术导则、实施及维护运营的职责等内容都需要一一完成。

6.1 规划前期的分析调研工作

(1)需求分析：分析该区域的人口规模、构成，主要功能布局，人的主要活动模式分类等。

(2) 空间分析：结合需求分析对空间按照需求强度的不同进行分类。

到详细规划层面，城市公共空间和建筑内部空间的连接面或连接点也应纳入其中，并对建筑的设计提出指导性要求和建议。

6.2 无障碍规划体系包括的要素

6.2.1 慢行交通

从现状看，中国的城市交通中，机动车交通大大挤压了慢行交通，包括自行车交通和步行交通。而残障人士，由于他们的生活范围和活动空间要远远小于一般人群，所以他们的出行方式仍以慢行交通为主。在一个一般的出行人员都感到诸多不便的城市里，残障人士每天遭遇的无奈和困难就可以想象了。

城市性活动室外空间是提供给公众使用的，为让所有人能够完成从居家空间无障碍地出行，平等地去进行各项社会活动和接受教育，需在这些空间的通行、使用上提供无障碍的设施，而出行的无障碍是其他无障碍设施使用的基础。所以，作为无障碍设施的设计要求，通行范畴内的交通无障碍（包括水平和垂直交通），是城市空间、各种建筑类型都要涉及并合理解决的内容。

针对中国现阶段城市的状况，慢性交通的无障碍处理要点如下。

1. 系统性

无障碍通行中不能出现较大的高差、陡坡、障碍物（包括地面和上部的），只要出现一处，无障碍系统即崩溃。北京的情况是，虽然基础的设施已经逐渐完善，如大部分人行道都设置了缘石坡道，一定数量的人行道设置了盲道，但人的行为及城市管理的问题，带来占用、破坏情况普遍，甚至有些人行道上会有塌陷、无遮拦施工等危险情况。自行车、机动车占道情况也比比皆是。而且人行道上的标牌、立杆等设施组织不合理，有时也影响到无障碍道路系统。比如我们经常看到在缘石坡道正中设置拦车桩。

2. 穿越城市交通干道

宽大的、快速的城市交通干道是无障碍通路系统中最难以处理的节点。一般只有三种处理方式：①平交通行。②坡道立交。③电梯立交。

平交通行对于无障碍通行来说是最简便的，但现在北京或其他大城市的大部分干道都禁止行人平交穿行道路。坡道立交占用空间很大，一般很难实现。而电梯立交造价昂贵。

所以，如何合理地解决这个问题，是城市无障碍规划的重要内容。选择合理比例的、位置的人行立交桥做无障碍化，要依据以下几点：

(1) 对于该地区残疾人出行情况的调研。

(2) 对于该地区城市空间情况、市政情况的调研。

(3) 资金情况。

综合上述要素进行分析，才能给出相对合理的方案。

3. 无障碍道路系统和建筑的连接

城市外环境中的无障碍步行道路系统有时确实非常难以处理，机动车是一大障碍，高差也是难题，但外环境的高差经过精心得当的设计，不但大部分情况下是可以做到无障碍的，而且还给空间增添了情趣（图 6-3）。

图 6-3　城市外空间高差的无障碍处理

和建筑的连接也很重要，建筑无障碍出入口的设置要合理，要有明显的标识，要便于残疾人通达，一些人流较大的公共建筑要考虑室外的避雨设施（图 6-4、图 6-5）。现在很多大型的公共建筑，已经采用平坡入口，是很好的趋势。

图 6-4　无障碍室外通道上的雨廊 1

图 6-5　无障碍室外通道上的雨廊 2

4. 休憩节点

在城市的无障碍出行系统中，要考虑一定距离设置“休憩节点”，可以让残疾、体弱者能坐下来休息。该休息处的遮荫、安全性要充分考虑。

6.2.2　机动车交通

以中国的现实情况，自己驾车的残疾人非常少。残疾人乘机动车交通出行的方式主要有以下几种：

（1）乘坐他人驾驶的小型车辆出行。

（2）驾驶残疾人摩托之类的轻便机动车出行。

（3）乘公共交通出行。

规范中要求设置的无障碍机动车停车位，即为满足第 1 种出行方式。现在规范中要求的数值为最低限。实际上，因为现在老年人乘坐轮椅出去参加城市活动的数量也在逐渐增多，随着时代的发展，这个需求会增加。

实际情况是，无障碍机动车停车位在中国各城市很少得到有效的管理，被违规占用的情况很多，可能有一些占用的情况是出于不了解的原因，所以仍需加强宣传和制订有效的管理措施。

对于第 2 种出行方式，在各种设计的规范上很难找到对应的条文，因为该种车型没有统一标准，各城市的管理方式也差别很大。笔者曾经在考察一个医院的无障碍时听到反映，一些长期要去医院的病患，即是驾驶此种车辆的残疾人。他们要求医院停车区为该种车辆留出停车位。院方也非常人性化，设置了几个车位（图 6-6）。但这种情况仅是个案处理，城市的管理也没有统一的规范要求。

尽管北京市近几年在地铁等公共交通方面做了大量的工作，但乘轮椅者乘坐公共交通出行也是不太方便的一件事，更不要说中国的其他城市了。很多旧的地铁站，没有电梯，也缺乏改造条件，实现无障碍非常困难。笔者在万寿路地铁站看到一个残疾人在使用升降平台，需要一个工作人员操作设备，另两个扶住残疾人，这是一种很不便利的、不得已而为之的解决方案。公共汽车方面，现在很少见到乘轮椅者乘车，在美国，笔者目睹，公共汽车司机见到站台有残疾人或老人，会下车拿一块板搭在车辆入口，把乘轮椅者推上车或将老人扶上车。如果车辆有更先进的设施会更方便。现在国内有些城市作了试点（图 6-7）。

图 6-6 北京某医院外残疾人轻便机动车辆停车位

图 6-7 无障碍公交车

在设计规范中对站台的无障碍有要求，很多站台面临改造，新建的站台要考虑到这个设计要求。如广西南宁的一个无障碍站台，满足了基本的无障碍要求（图 6-8）。但在大部分的城市道路上安设这样的站台，恐怕空间上不允许。总体来说，现在在中国道路、站台、车辆的无障碍衔接做得并不好，达不到目的，造成了很大的浪费。

奥运期间，北京设置了几十辆无障碍出租车，现在这些出租车仍在运营（图 6-9）。笔者和司机交谈，得知他们的运营遇到了一些麻烦，主要是平时运营时，有些人不愿乘坐无障碍出租车，觉得不吉利之类的，这就需要多作宣传或者政府给予些补助，否则是否能够良性循环也是个疑问。

6.2.3 城市公共服务设施和环境设施

城市公共服务设施如便利店、医疗服务机构、社区服务机构、公共厕所等的“可达性”非常重要。老年人和残疾人往往在住家周边活动，一般在半径 1km 的范围内，在这个半径范围要考虑步行交通及短途公交作为交通方式，设置便利的标识系统。

图 6-8　广西南宁某无障碍公交站台

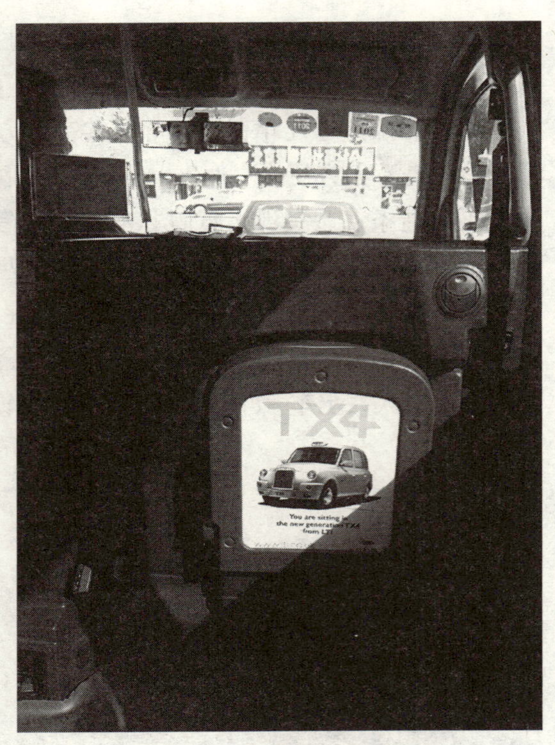

图 6-9　北京无障碍出租车车内

最近几年，在住房和城乡建设部的领导下，以全国的无障碍示范城市为带动，许多城市开始了由规划主管部门进行城市公共区域的无障碍规划和实施的部署。如北京市规委在2005 年组织编制了《北京市无障碍设施建设和改造规划导则》，为北京市的相关工作提供了规范性的文件。该文件有效地解决了法规与技术标准有机衔接的问题。之后，每年北京市都会制订当年的无障碍建设和改造的工作计划。但从全国范围看，大部分地区，尤其中小城市（镇）和农村缺乏相应的规划和常态性的管理。

公共环境设施从英文直译为“城市的家具”，不但提供基本的城市公共生活保障，而且极大地影响着人们城市生活的品质，对人们的出行、交往影响巨大。公共环境设施其中又分为公用系统设施、景观系统设施、安全系统设施、标识设施、照明设施等，均与无障碍密切相关。

城市公共设施的无障碍设计，应“以人为本”，并考虑与环境的和谐关系，将无障碍的设计理念体现在整体性的人性化设计中。

在保证满足功能的基础上，还要考虑人的心理，涉及心理需求、环境心理学、美学等各个方面。

人的心理需求中包括生理需求、安全需求、社交需求这三项基本的需求。城市的公共服务设施设计要考虑老年人和残障人士的心理感受，尽量减少“有差别对待”的心理暗示。要为老年人和残障人士在城市空间中提供无障碍的社交需求的保障，不要因为空间、设施的无障碍设计给其他人群带来不便而影响交往，更不要进行空间上的分隔。

城市公共的无障碍设施的设置密度要精心控制和计算，考虑以下几点要求：

（1）使用频率。

（2）安全性。

（3）便捷性。

（4）生活需求。

要妥善处理好与其他人群公共活动的矛盾。比如近几年带来较大争议的盲道问题。很多大城市在人行道上大量铺设盲道，动机良善，但在实际使用中，盲道常常被占用，引起残疾人的投诉。而一般市民又反映本来不宽的街道，盲道占了大半，影响行走、托行李等。而很多盲道很不成体系，达不到相应的效果（图 6-10）。

图 6-10　一处错误的盲道

6.2.4　城市的园林景观

邻近城市的风景区、公园、开放绿地、居住区绿地，这些都是市民日常亲近自然、游憩的公共性场所，当然应在无障碍设计上尽力而为。但其中可能最难处理的是自然的，或人工自然化的地形、地势带来的不便。高低起伏的地形，山林水塘的交错，是景观园林的趣味和美好，其中的游览路线势必不会平坦（图 6-11）。所以，我们必须接受一个现实：即不是每个人都可以享受到每处美景。在这样的前提下，应本着人文关怀的态度，在景观园林、绿地设计出适宜的无障碍游览路线来，其中的无障碍设计即是围绕着这个路线，包括道路及铺装、

图 6-11　广西某公园

园林设施、标识系统及植物选择等。

无障碍设计的要求有时会给景观设计带来创意和更多的趣味，将各种要求结合良好的设计，更加促进了人的交往，鼓励了残障人士在自然环境中得到健康和心灵的滋补。景观园林中的无障碍设计，以安全性为首，应做到易到达、易识别，增强人们的交往和生活的乐趣，这并不需要增加很多的投资，只需要建设者和设计师的用心。如图 6-12、图 6-13 所示的景观人行桥虽然为了景观效果的需要在跨越小溪的部分未设栏杆，但两侧设置了挡板，小溪窄而浅，所以这种处理还是能够满足无障碍的基本需求的。

图 6-12 景观人行桥 1

图 6-13 景观人行桥 2

1. 设计要点

园林绿地的无障碍设计，从规划入手，注重与园林路线的结合，注重细部构造的处理，在不妨碍整体规划布局的情况下，可以经济地规划和建设无障碍游览路线，最大限度地满足各种人群接近自然、享受生活的需求，并达到园林绿地的无障碍性、易识别性、易达性、可交往性和艺术性等无障碍设计原则。

园林绿地的无障碍性，是要求环境中没有障碍物和危险物，因此在景观设计时，应充分考虑各种行为障碍人士的行为特点，对各级园路和景观设施进行合理设计。

园林绿地的易识别性，是在充分了解各种行为障碍人士空间识别能力的基础上，对园林景观中的空间和标识系统进行合理设计，景观空间要多样化，标识系统要完善和醒目。

园林绿地的易达性，是指园林景观的无障碍游览过程中具备方便性和舒适性，规划自入口到各个园林空间至少有一条无障碍游览路线，并设置可到达的无障碍设施，如无障碍卫生间、各种低位服务设施和休息区等。

在无障碍游览路线沿途的景观设计上要创造一些便于交往的围合空间，达到可交往性的原则，以保证残障人士和老人接近自然，避免抑郁和孤独。

园林绿地的艺术性设计原则，是在无障碍设计满足标准规范的基础上，使无障碍游览路线与其他游览路线在功能和形式上达到一定的统一，更加融入周围环境中，成为园林绿地游览的自然组成路线。

图 6-14 安全的亲水空间

中国式园林多以自然式景观作为园林主景，山形水系丰富，自然景观及造景的高低错落形成地形的高差变化，所以很难实现所有园路、景点的无障碍游览。在园林绿地的规划设计阶段，需要分析园林绿地的场地条件，结合城市园林规划部门的意见来规划无障碍游览路线。从无障碍出入口开始设置，通过无障碍主园路、无障碍支园路或无障碍小路，尽量地连通主要景点和区域，并与园林绿地中的无障碍设施如无障碍卫生间等建筑连通，形成无障碍系统化的规划设计。

图 6-15 水池边的座椅

园林设施包括一些交往游憩场地、座椅、卫生间、饮水器、游戏设施等，其无障碍设计要特别注意安全性，保证良好的照明、通畅的视线，以避免突发事件得不到及时救助（图 6-14）。如图 6-15 所示，为利用座椅作为水池的安全围挡，而且利用人们的亲水性增加交往的可能。在无障碍游览路线上应设置利于不同状况的残障人士辨别的标识系统，尤其疏散和逃生的路线是必需的，标识的位置、大小、色彩、照明等，都是设计中必须细细考虑的要素。无障碍游览园路周边植物的选择以安全为基本，避免有毒、带刺、过敏等情况，也要防止浆果和落叶使地面变滑。更积极的做法，比如，最近在南京、上海、苏州等都建设了盲人植物园，帮助盲人通过非视觉感官，了解植物，增加了生活的乐趣。

2. 无障碍游览路线的设计

无障碍游览路线的设置目的，一方面是为了让乘轮椅者能够游览主要景区或景点，另一方面是为了减轻老年人、体弱者等行动不便的人群在游园时行走的负担，提高游园的舒适度。方便通行、便于到达是设置无障碍园路的目的。

无障碍游览主园路是无障碍游览路线的主要组成部分，它连接城市绿地的主要景区和景点，保证所有游人的通行。无障碍游览主园路人流量大，除场地条件受限的情况外，设计时应结合城市绿地的主园路设置，避免重复建设。图 6-16 ~ 图 6-18 所示为北京三个公园的无障碍游览路线。

无障碍游览主园路的设置应与无障碍出入口相连，一般应独立形成环路，避免游园时走回头路，在条件受限时，也可以通过无障碍游览支园路形成环路。根据《城市绿地设计规范》(GB 50420—2007)，“主路纵坡宜小于 8%……山地城市绿地的园路纵坡应小于 12%”。考虑到在城市绿地中轮椅长距离推行的情况，无障碍游览主园路的坡度定为 5%，既能满足一部分乘轮椅者在自身能力的条件下通行，也可以使病弱及老年人通行更舒适和安全。山地城市绿地在用地受限制，实施有困难的局部地段，无障碍游览主园路纵坡应小于 8%。

无障碍游览支园路和小路是无障碍游览路线的重要组成部分，应能够引导游人到达城市绿地局部景点（图 6-19）。无障碍游览支园路应能与无障碍游览主园路连接，形成环路；无障

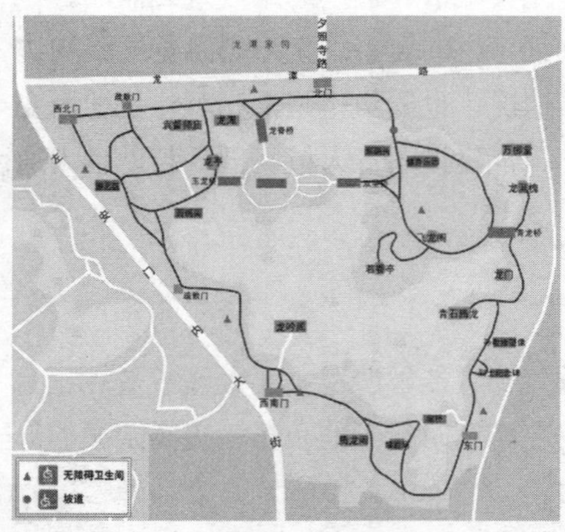

图 6-16　北京圆明园无障碍游览路线

（资料来源：首都城市信息服务网）

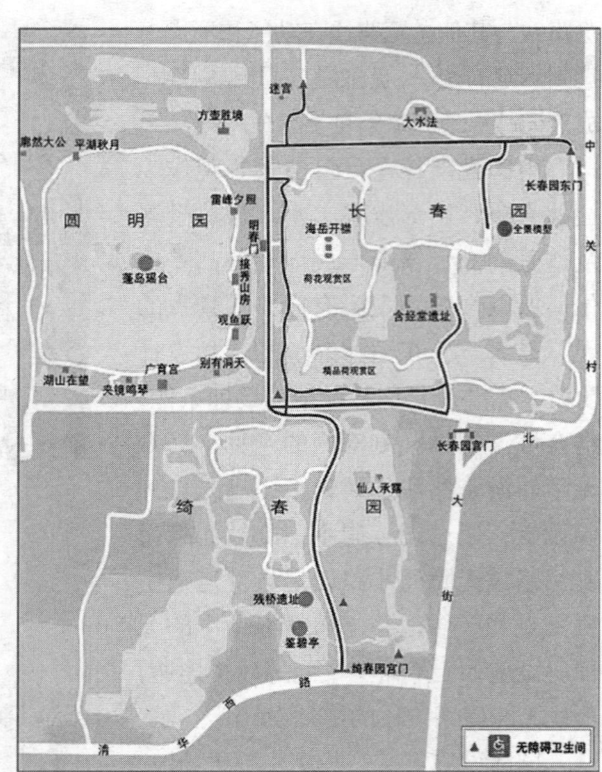

图 6-17　北京龙潭湖无障碍游览路线

（资料来源：首都城市信息服务网）

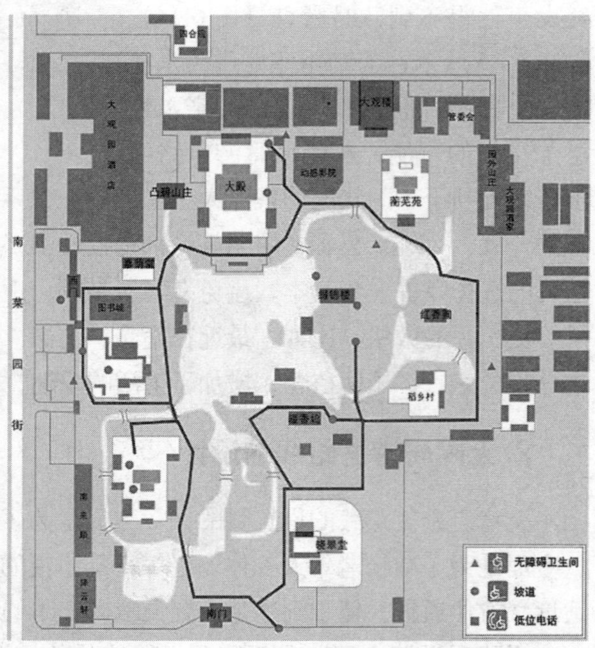

图 6-18　北京大观园无障碍游览路线

（资料来源：首都城市信息服务网）

碍游览小路不能形成环路时，尽端应设置轮椅回转场地，便于轮椅掉头。通行轮椅的小路宜宽于 1.2m。

图 6-19 坡道型的园路

在设置无障碍出入口时，要考虑行动障碍者、老人等行动不便的人，他们行进速度较普通游客慢，在节假日或高峰时段，游客量急剧增大，游客混行可能引发交通受阻的情况，可设置无障碍专用绿色通道引导游客分流出入，可以避免相互间的干扰，有助于消除发生突发性事件时的安全隐患。

无障碍游览路线上要注重各种安全设施的设置。如临水场所设置的安全护栏，既要防止观景时跌落水中，又要考虑乘轮椅者的视线水平高度一般为 1.1m，所以安全护栏的高度不应低于 0.9m。

在园区的地形险要路段，不宜将无障碍游览路线靠近设置，应设安全警示线或安全护栏起提示作用，使游人和视觉障碍者绕行，避免发生危险。

图 6-20 公园内通道上的扶手

景观园林中道路的无障碍要求与城市步行道的要求基本相同。特别要注意，园路的铺装材料要考虑不同材料的防滑、反光及雨、雪影响，很宽的路要增加扶手，如图 6-20 所示，虽然设了中间扶手，但路两侧未设置扶手。此图的设计还有另外一个问题，即找坡的园路隔一段有一小步台阶，这会带来比较大的安全隐患。

6.2.5 历史街区及建筑

关于历史街区及建筑的无障碍改造是城市环境的无障碍改造中最棘手的问题。首先，在原则上就存在不少争议，很多古建保护的工作者坚持古建保护优先，对于这一观点，笔者很支持，但保护的尺度在哪里，应慎重把握，至少不应对被保护的对象构成物理性的破坏，这一点是共识。而对观瞻的影响，就可能会引起争议。其次，因为每个个案的差异很大，没有标准化的东西可以照搬，在设计上具有很大的挑战性。在这方面欧洲做得比较好(图 6-21)。本书引用了国内外的两个实例，供读者参考。

图 6-21　欧洲传统商业区的建筑无障碍进入

1. 北京故宫

北京故宫在 2008 年残奥会举办前，设计了一条无障碍参观流线，并在充分尊重古建专家意见的基础上，根据流线中不同的保护等级、不同的无障碍要求设置了无障碍设施，大部分是临时性的。从最南端的午门直至最北端的神武门全长 900 多米，乘轮椅的人士可以从南至北游览整个故宫的主要景点。针对残障人士的服务还包括无障碍游览图、声频讲解等（图 6-22）。

笔者考察时为 2008 年奥运会前，故宫的中轴线——主要游览路线正在改造过程中，考察路线为东线，由南至北，考察后进行了座谈。

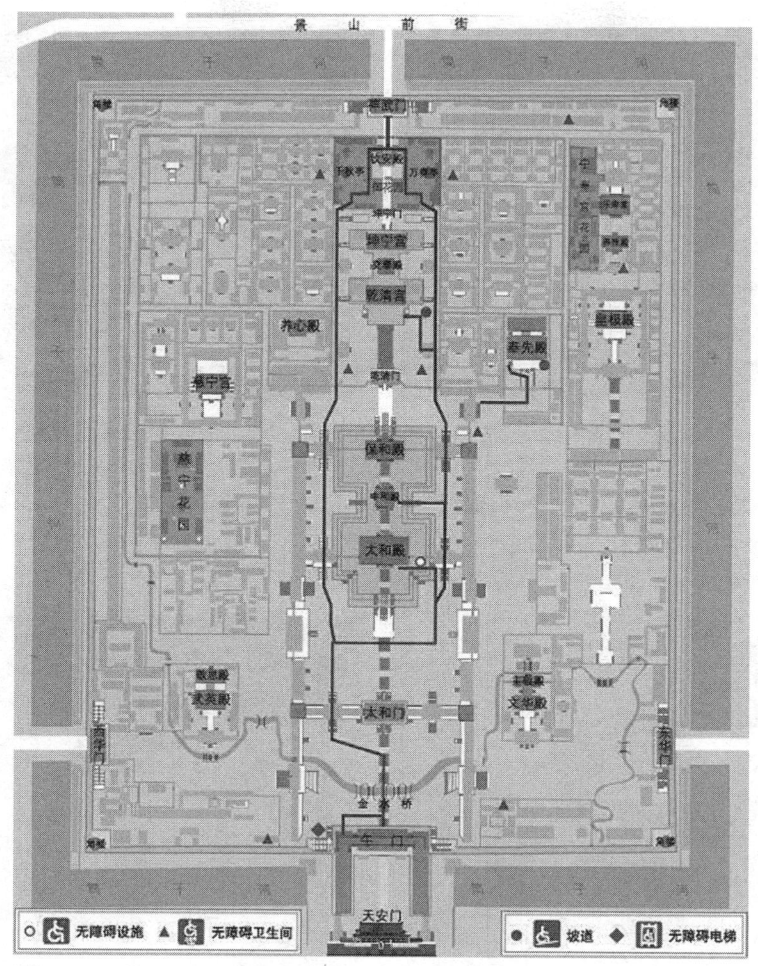

图 6-22 北京故宫无障碍游览路线

（资料来源：首都城市信息服务网）

（1）午门，利用德国进口的轮椅升降机，上至上层展厅，时间约需 10 多分钟（图 6-23）。此种方式在平常的状态下可基本满足要求。但在集中时间内，当有较大无障碍要求的人流时，如在残奥会期间组织参观等情况下，此方式疏散能力不够强，当时建议可借鉴雅典的方式，设置临时的、较大载重量的垂直升降机。

图 6-23 北京故宫午门轮椅升降机

（2）根据故宫工作人员介绍，无障碍游览路线中设置了各种无障碍设施。一些陡坡或门槛，考虑搭一些板子使其放缓（图 6-24）；设置电瓶车服务；在太和殿等主要景点设置爬楼梯机，由志愿者操作（图 6-25）。

图 6-24　坡道

图 6-25　爬楼梯机

（3）在无障碍游览路线中也有瑕疵。如考察了一个商业设施点和一个无障碍卫生间。商业设施没有设置坡道（图 6-26），卫生间坡道使用不是很便利（图 6-27），设施标识名称不规范。

图 6-26　未设置坡道的商业设施

图 6-27　卫生间坡道

（4）在一些不影响文物保护和景观的位置，针对较大的高差，设置较固定的坡道，如图 6-28 所示位置，当时准备沿台基设置坡道。在某新改建的区域已设置展厅的入口坡道（图 6-29）。

图 6-28　准备设置坡道的台阶

图 6-29　展厅入口坡道

对于故宫，文物保护是非常重要的，搞无障碍设施，不能破坏文物，不能影响景观，这是首要前提。因此，无障碍设施的工作要和文物及古建专家紧密联系去做，尊重他们的意见。

对于历史文物保护建筑无障碍改造有以下要点需要注意：

（1）要设计一个系统的无障碍游览路线。针对此路线，设置无障碍设施，设置无障碍标识系统，满足不同种类残障人士的介绍导游系统、志愿者服务等。在路线两端要有无障碍服务指南引导图。

（2）动态服务和静态设施结合，临时设施和固定设施结合，物质手段和信息手段结合。

（3）注意满足不同类别残障人士的需求。

（4）需有应急方案，大人流或突发事件时的应对。

（5）宜有个相对固定的志愿者队伍，并要进行培训。

（6）注意细节。

2. 西班牙修道院建筑

欧洲的历史文物保护建筑对无障碍多有细致的考虑，但出于保护的原则在旧建筑中多使用临时性的设施（图 6-30 ～图 6-33），而扩建、改建的部分是按照现代建筑的现代要求和方式去做。

图 6-30　修道院入口坡道

图 6-31　修道院内庭坡道

图 6-32　修道院回廊坡道

图 6-33　室内坡道

西班牙拥有许多历史悠久、建筑精良的修道院建筑，是国家的历史遗产。笔者以下罗列的图片分别为巴塞罗那和马德里的两个男、女修道院。它们的无障碍改造都比较恰当，共同的特点是：

(1) 重点在主要的游览流线上，设置坡道解决同层高差问题。在不太重要的地点增设无障碍电梯（图 6-34 ~图 6-36）。

图 6-35　无障碍电梯厅

图 6-34　通向无障碍电梯的通道

图 6-36　无障碍电梯内部

(2) 无障碍设施大多是临时性的，尤其要在设计上突出其临时性的特征。

(3) 无障碍设施的设计感强，现代感强，和古建筑在风格上形成对比。

7 无障碍的起居生活

7.1 概述

日常起居是人生活质量的基本要素。家庭是社会基本的构成单位，家庭也处于无常的变动中，当因为意外或疾病一个家庭成员出现残疾时，可能会对家庭的结构带来影响，当这种残疾状态基本稳定后，这个家庭势必要作出一些长期的改变，以形成新的平静生活状态。现在中国社会的大部分家庭是所谓“对称型”家庭，即夫妻双方都参加工作，残疾的家庭成员可能是这个家庭的老人、夫妻的一方或成年的、未成年的子女。他们所面临的主要困难之一就是如何维持和家人的关系，同时保持一定程度的独立性和自主性。在发达国家有针对残疾人的膳宿和护理中心，这种设施多年来颇受争议，住在里面的人往往失去私生活，缺乏选择的自由，失去建立有意义的个人关系的机会，它的生活制度机械、条文约束较多。为了替代这种模式国外还出现了其他的探索性的模式：

第 1 种模式称为残疾人村：在荷兰有一个由 400 个严重残疾人组成的村落，大部分是单身，每个居民都有一套单独的住房，膳宿和护理由集中的机构提供上门服务。之后这种模式在英国得到复制。这种模式隔绝了残疾人与更大范围社区的融合，对于无法自理的重残及认知障碍的残疾人是合适的。

第 2 种模式称为混居住宅（collective house），这种模式在丹麦首次出现，按照 1 ∶ 3 的居住比例，建造了残疾人与正常人混居的街区式房屋，残疾人在里面占少数。此居住区为出租式，服务由社区提供，但在实践中，残疾人的比例仍偏高。后来在英国这种模式发展为一种互动的模式，由身体健全的租客给残疾人提供帮助，以换取租金的优惠。

第 3 种模式称为 FOKUS 住宅，首先在瑞典出现，尝试把残疾人与普通住宅区整合在一起，由社区提供残疾人需要的各种服务。这种模式依赖社区提供的医疗、护理服务，而社区型的服务往往很难达到一些残疾人的要求。英国住宅协会方案是这种模式的改进。靠近市区的主要医疗服务设施，建立 20 ~ 25 套公寓，形成一个小型的“聚居区”，由一个护理人员照顾，它并没有真正把残疾人融合于社区中，而是以服务为重点，同时尽量提供一种更人情化的物质环境。

还有一种住宅模式，具有充分的可能性供残疾人终生使用，叫做终生住宅（Lifetime Homes），联合国于 1974 年提出了相关的建筑标准。

经过长期的探索实践，残疾人能够居留于普通的社区中，是较理想的选择，但实现起来还需要一些辅助的机构。如在欧美有专门为残疾人服务的膳宿关怀机构，这些机构为残疾人提供集中而相对较专业的护理及生活支持，还有一种日间护理机构，日间家人也许要外出工作，残疾人可以到那里去，晚上接回家，这样家人的压力可以减轻，残疾人也可以兼顾正常的居家生活和较专业的护理。

中国的残疾人护理一直还是以政府主导，社区性的机构还比较缺乏，但随着社会的发展，一定也会逐渐出现，对于建筑师它们是需要研究的较新的建筑形式。

居住区是城市中规模最大的建筑群体，是由不同规模、年龄、类型的居住人口组成的生活聚居地。其无障碍设计的宗旨就是为居住在其中的各类人群提供方便、安全、舒适的生活环境。

在居住人口中，残疾人和老年人占有很大一部分比例，这个比例还将会继续扩大，我国目前的养老（残）体制是以家庭为主、社会为辅的现状。居住区的无障碍建设直接与他们的生活息息相关，并且决定了他们的生活质量。因此，居住区、居住建筑无障碍设计的重点是根据残疾人、老年人的生理和心理变化特点，在居住形态上满足老年人和残疾人的特殊使用功能的需求，体现他们起码的人格尊严，同时也体现健全的社会道德伦理。

一个合理的套内空间，可以保障他们的居家安全，支撑他们独立生活。而公共空间的无障碍化，可以使他们在突发病情等紧急情况下及时得到外界的救助，也可以加强他们和外界的交流。对于一些肢体残障的人士，有些我们没有注意到的细节，可能会成为他们走出家门所面临的巨大障碍，而面临障碍，当没有好的解决办法时，最终他们只好选择把自己关在屋子里，与外界隔绝。因此，居住区的环境，包括：居住建筑、道路、绿地、公共服务设施等，都应配建有一整套完善的、能满足该居住区居民物质与文化生活所需的无障碍设施。

7.2　不同行为障碍者的无障碍设计要点

7.2.1　视觉障碍者

对于视觉障碍者来讲，居住区环境中盲道、特别是提示盲道的设置；使用清晰、对比鲜明的标识；增加楼梯、台阶踏面和踢面颜色的对比；增加夜间照明的照度；采用大按键的开关等都可以在不同程度上增强他们对环境的适应性。

7.2.2　听觉、语言障碍者

听觉、语言障碍会给生活带来一定的影响，甚至会造成危险。比如：听不到电话或门铃声，听不到煮饭、烧水、报警的声音。对于听觉障碍者来讲，增加灯光或者振动的提示、采用视觉信号的报警装置等方式，可以弥补他们在很多方面的障碍。

7.2.3　肢体障碍者

大部分肢体障碍者要借助轮椅、拐杖完成移动的动作，因此他们需要一定的空间完成这些动作，而且要求在行动的过程中没有高差，所以需要确保入口的宽度和活动空间。因此，出入口的轮椅坡道、开门的足够宽度、水平和垂直交通上没有高差、在必要的位置上预留轮椅回转的空间等做法，都可以消除他们在移动方面的障碍。

7.2.4 智力障碍者

智力障碍者通常意义上是指因某种原因造成脑障碍而影响智力发育的人群。他们对交谈、辨别方向、接受信息等都存在困难，而且对环境的变化、新环境的适应等也都很难理解。老年期间智力明显衰退导致的痴呆也属于这一类障碍。

对于这部分障碍者，需要专人进行看护。因此，在设计中需要加强个体空间之间的联系，通过增加开敞空间、增设观察窗等方法，方便看护人员与他们随时沟通和看护照料。

7.3 居住区道路

居住区道路的规划和设计直接影响到居民的出行方便和安全，特别是残疾人、老年人的出行方便和安全。因此，要求居住区的道路系统除了要达到内外联系通而不畅、顺而不穿和适用消防车、救护车的行驶外，还要求步行道形成完整的无障碍通道，保持行人通行的连贯、顺畅。《城市居住区规划设计规范》（GB 50180—1993）将居住区道路分为四级：居住区级路、小区级路、组团级路和宅间小路。这四级道路的人行道、人行横道都应该满足无障碍的要求，并且要求它们要彼此贯通，形成完整的无障碍人行道路系统，这样才能使行动不便的残疾人、老年人走得更远一些，到达各自想去的地方。人行道中无障碍设施的做法详见本书第 5 章的内容。

7.4 居住绿地

居住绿地在城市绿地中占有较大比重，是居民日常使用频率最高的绿地类型。老年人、残障人士和儿童等人群的日常休憩活动主要是围绕居住绿地来开展。丰富的庭院绿化景观、宜人的交往空间能够让他们日常活动的心理感受更加愉悦。而可达、安全、舒适则是居住绿地最基本的要求。《无障碍设计规范》规定：在地坪平缓（规范中界定平缓的坡度是不大于 5%）的居住区，所有对居民开放使用的居住区游园、小区游园、组团绿地、宅旁绿地、公建庭园绿地和道路绿地都要满足无障碍的要求。对地形起伏大，高差变化复杂的山地城市居住区，比如重庆、贵阳等城市，很难保证每一块绿地都满足无障碍的要求，也至少要有一个开放式的组团绿地或宅间绿地能够满足无障碍要求。

居住绿地内，包括绿地出入口、游步道、休憩设施、儿童游乐场、休闲广场、健身运动场、公共厕所等都属于无障碍设计的范围。

当居住建筑中设有无障碍住房和宿舍时，无障碍的居住绿地最好是能够就近设置，当无法就近设置时，也要使行动不便的人能够通过无障碍通道很方便地到达。

无障碍居住绿地的设计要素归纳起来主要有以下几方面。

7.4.1 出入口

（1）无障碍居住绿地的主要出入口应为无障碍出入口。有 3 个以上出入口时，无障碍出入口不应少于 2 个，为避免居民走折返路，无障碍出入口最好设置在不同方向。

（2）居住绿地内的活动广场与相接路面、地面之间不宜出现高差，如因景观需要，有时会设计成下沉或抬起的活动广场，当高差小于等于 300mm 时，所有出入口均应为无障碍出入口，并宜全部采用坡道来处理高差，不宜设计台阶。当设计高差大于 300mm 时，如果出入口少于 3 个，所有出入口均应为无障碍出入口，当出入口为 3 个或 3 个以上时，应至少设置 2 个无障碍出入口（图 7-1、图 7-2）。

图 7-1　居住绿地无障碍出入口 1

图 7-2　居住绿地无障碍出入口 2

7.4.2 游步道和休憩设施

（1）居住绿地内的游步道应为无障碍通道。供轮椅通行的园路纵坡不应大于 4%，轮椅专用道的纵坡不应大于 8%。

（2）居住绿地内的游步道以及园林小品如亭、廊、花架等休憩设施，是居民，特别是残疾人、老年人等行动不便者日常休憩交流的主要场所，因而上述休憩设施的地面不宜与周边场地出现高差，以便居民顺利通行进入。如因景观需要设置台明、台阶时，应该选择在一侧设置轮椅坡道。

（3）居住绿地及广场设置休息座椅时，应留有轮椅停留空间，方便乘轮椅者休息和交谈，但避免将轮椅停在绿地的通路上，以免影响他人行走。

7.4.3 植被

（1）林下铺装活动场地，以种植乔木为主，林下净空不应低于 2.2m。

为保障安全，减少儿童攀爬机会，便于居民活动，林下活动广场应该以种植高大荫浓的乔木为主，分枝点不应小于 2.2m。对于北方地区，应以落叶乔木为主，乔木要有较大的冠幅，以保障活动广场夏季的遮阳和冬季的光照。

（2）儿童活动场进行种植设计时，要保障视线的通透以便于对儿童的监护。

儿童活动场地周围不宜种植遮挡视线的树木，保持较好的可通视性，且不宜选用硬质叶片的丛生植物。另外，儿童活动场的活动设施要设置必要的说明牌、警示牌，并注明使用方法、使用限制等必要的告知信息，保障儿童能正确、安全地使用这些设施。

7.5 配套公共建筑

居住区的配套公共建筑需要考虑居民的无障碍出行和使用。特别是居家的残障人士和老年人经常光顾和停留的场所，如物业管理、居委会、活动站、商业等建筑，是居民近距离地解决生活需求、精神娱乐、人际交往的场所，无障碍设施的完善，不仅能极大地提高他们的生活质量并且能够提升居住区的生活品质。

配套公共建筑的无障碍设计要求归纳起来主要有以下几方面。

7.5.1 出入口

居住区的配套公共建筑，如居委会、卫生站、健身房、物业管理、会所、社区中心、商业等为居民服务的建筑，其主要出入口应该是无障碍出入口，当主要出入口设置有困难时，可以将次要出入口设置为无障碍出入口，这种情况，需要设置明显的引导标志方便需要的人到达。

7.5.2 公共厕所

供居民使用的公共厕所，出入口应该是无障碍出入口，若是两层的公共厕所，其无障碍厕位应设在地面层。地面应采用防滑、不积水的材料铺装。女厕所的无障碍设施包括至少 1 个无障碍厕位和 1 个无障碍洗手盆。男厕所的无障碍设施包括至少 1 个无障碍厕位、1 个无障碍小便器和 1 个无障碍洗手盆。在有条件的情况下，公共厕所旁另设 1 处无障碍厕所，以方便陪同亲友进行照顾。

7.5.3 停车场、停车库

（1）无障碍机动车停车位的数量应不少于居住区停车场和车库总停车位的 0.5%；居住区内若设有多处停车场和车库，尽量在每处都设置无障碍机动车停车位，方便不同区域的居民就近使用。

（2）地面停车场的无障碍机动车停车位宜靠近停车场的出入口设置，在有条件的居住区宜靠近住宅出入口设置无障碍机动车停车位。

（3）车场、库的人行出入口应为无障碍出入口（图 7-3）；设置在非首层的车库应设无障碍通道与无障碍电梯或无障碍楼梯连通，直达首层，由此形成使用人员由无障碍停车位至地面层的无障碍通行。

图 7-3　停车场的人行出入口

（4）无障碍机动车停车位的地面应平整、防滑、不积水，地面坡度不应大于 2%；在无障碍机动车停车位的一侧，应设宽度不小于 1.2m 的通道，供乘轮椅者从轮椅通道直接进入人行道和到达无障碍出入口；无障碍机动车停车位的地面应涂有停车线、轮椅通道线和无障碍标志，方便识别。

7.6　标识系统

居住区的标识系统要能够为居民及访客提供居住区内部的行动指示。目前，城市内大型居住区比比皆是，居住区内高楼众多，区域功能复杂，内部交通也是纵横交错，清晰准确的标识系统可以使居民和访客方便、快捷地到达目的地。通过调研发现，目前除一些高档小区外，大部分居住区的标识系统存在一定的问题，比如：标识数量不足，信息量少，表达的意思模糊，因此不能够清晰、准确、及时地传递指示性功能。居住区内标识系统的无障碍设计要点就是要使标识系统在满足各类人群要求的基础上，着重考虑残障人士、老年人等特殊人群的需求。

7.6.1　三种类别

1. 识别类标识

识别类标识起到导向和识别的作用，引导人们到达预期目标。居住区内识别类标识主要包括：室外环境标识和室内环境标识。

室外环境标识包括：居住区环境地图；居住区名称；楼栋位置示意图；楼栋号牌；停车场（库）位置指示牌；公共设施（包括居委会、物业、会所等）相对位置指示牌；室外无障碍设施标识等。

室内环境标识包括：楼层号牌；门牌号；水、强弱电间等设备用房；消防设施标识；室内无障碍设施标识等。

2. 警示类标识

警示类标识用以提示周围环境存在不安全的因素，达到预防危险事故发生的作用，主要包括：机动车限速牌、禁鸣牌、禁止停车牌、小心滑倒警示牌、水边安全警示牌等。

3. 说明类标识

说明类标识主要指居住区设施设备的使用说明或布告通知等，主要包括：设施使用说明牌、宣传栏、各种温馨提示牌，比如，草地提示牌等也属于此类。

7.6.2　设置原则

1. 标识应连贯、成系统

居住区内部的标识设置应能形成一个完整的系统。标识牌可以多层次地设置，这样可以为使用者提供多重指示，来保证标识设置的位置对他们有及时的提示。识别类标识牌的设置不宜间断或间距过大，那样会使提示信息不能连续。

警示类标识要做到提前预警，使人提前做好应对的准备。

说明类标识要邻近被说明对象，避免由于距离过远，使人忽略了它的存在。

2. 标识应清晰、易识别

标识内容应简明精炼并便于识别。标识的图底在色彩上要有明显的对比和反差。标识的图文应符合相关的国家标准以及人们常用的习惯，避免引起歧义。

3. 标识的安装应保证安全和不被遮挡

标识应安装牢固，避免倾覆伤人，安装在人头部高度附近的突出的标识牌应注意不能对人造成磕碰。

标识的位置要明显，易被看到，注意不要被周围树木或其他物体遮挡。

4. 标识的设置与环境协调

从美学角度考虑，标识的外观设计宜与外部环境相协调，在造型和色彩上也宜与居住区建筑的风格一致。

7.7　居住建筑的公共空间

居住建筑是居住区建筑的主体，居住建筑无障碍的实施范围涵盖了住宅、公寓、商住楼等多户居住的建筑。目前，随着人口老龄化日趋严重的趋势，居住建筑经历了最初针对病残、高龄居住人群的住房改造和建设阶段，现在越来越趋向于建设无障碍化的普通住宅，为包括残疾人、老年人、儿童在内的各类人群构建出一个安全、舒适、便利的生活环境。居住建筑的公共空间从人们的行动流线上是指从出入口通过水平交通或垂直交通到达入户门之间所经过的空间，是人们迈出家门所经历的第一步。因此，无障碍设施完善的住宅公共空间会使行动障碍者在心理上愿意迈出这一步，走出家门，走到户外。

住宅的出入口是室内空间与室外空间的过渡，是联系它们的交通枢纽，因此应该满足安全、方便、易识别等要求。规范要求，设置电梯的居住建筑应至少设置一处无障碍出入口，并能够通过无障碍通道直达电梯厅；未设置电梯的低层和多层居住建筑，当设置无障碍住房时，也应设置无障碍出入口。

7.8 居住建筑的户内空间

图 7-4 所示为一个残疾人使用的住宅的平面图，从平面布局和家具摆放上，方便乘轮椅人士的日常基本活动，而且利于靠近窗户，进入阳台，适合于长期居家的残疾人接触到自然和阳光。

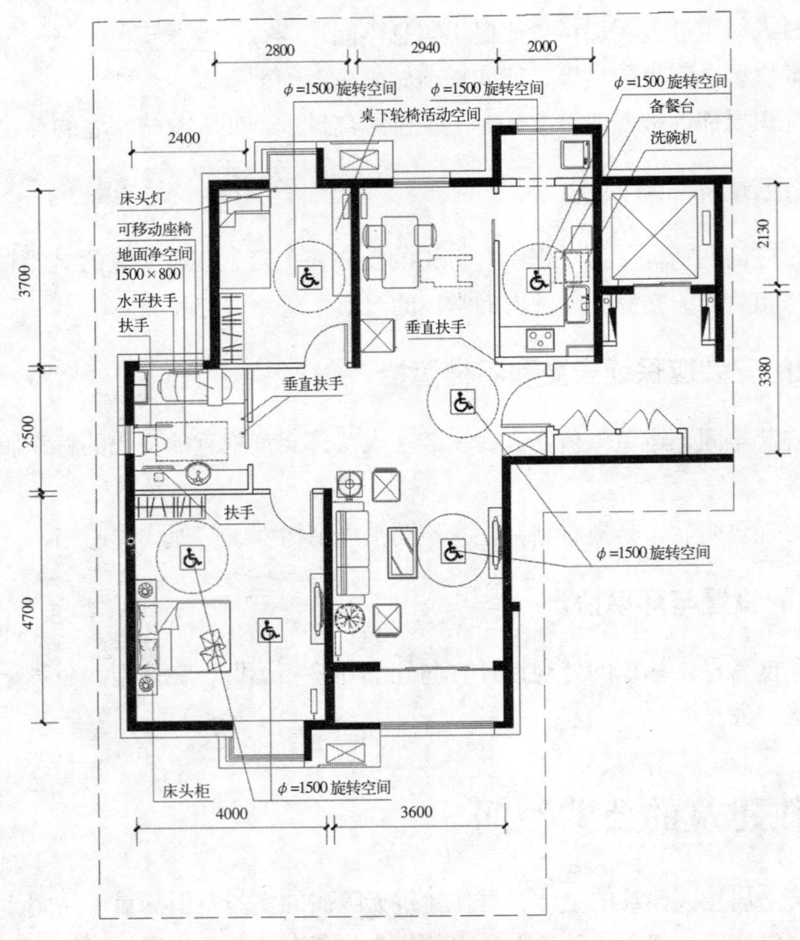

图 7-4 残疾人使用的住宅（mm）

7.8.1　入户门厅

门厅是住宅套内外的过渡空间。虽然门厅通常占用面积不大，但使用频率较高，因此门厅的各个功能须安排得紧凑有序，以保证使用者方便、安全。

1. 入户门

入户门的有效通行净宽应在 800mm 以上，以保证轮椅通行，并保证搬运大件家具或紧急救援时担架通过。当入户门为子母门时，要保证其中一扇常开启的门扇通行净宽应在 800mm 以上。

户门把手一侧应留有不小于 400mm 宽度的距离，方便轮椅使用者接近门把手、开关户门。

户门附近最好有轮椅的回转空间。

户门处常会产生门槛，不利于轮椅进出，应尽量取消或降低。应通过装修或倒坡脚处理将户内外地面做平。

门把手以易于抓握和施力的形式为宜，如杠杆式门把手等。不宜采用需要手部精细动作才能开启的门把手，如球形门把手等。

设置适合乘轮椅者观察门外情况的装置。如果在门扇上设置观察孔，应该加设距地 1100mm 左右，适合乘轮椅者视线高度的低位观察孔。有条件时可选用外设摄像头、内连可视屏幕的装置。

2. 地面

1）地面材质的选择

应选用耐污、防滑、防水的装修材料。门厅地面常会被从室外带进的灰尘、泥土以及雨水等弄脏，地面材质应耐污、防滑、防水。材质表面不宜有过大的凹凸，要易于清洁且不绊脚。

2）地面交接处应避免高差

由于门厅与室内其他空间的使用需求不同，有时会将门厅地面另换一种材质，应注意材质交接处要平滑连接，不要产生高差。为了减少将灰尘带入室内，往往会在门厅铺设地垫，此时要注意地垫的附着性，避免滑动。

3. 照明

门厅宜有自然采光，使人进出门时能够看清环境。如无直接采光条件，应采用灯具照明。

门厅的光线不宜与户门外公共走廊的亮度有大的反差，避免引起人在视觉上的不适以及带来视觉上的判断误差。也要满足一定的亮度，以便完成精细操作需要，如在门厅换鞋、穿衣、照镜子、填写快递收据等。

4. 部品

1）鞋柜和鞋凳

鞋柜的位置应方便使用，要和鞋凳毗邻，并不应位于门扇的开启范围之内，鞋柜的台面以距地 900 ~ 1100mm 为宜，既可以做放置物品的台面，又可以兼具撑扶作用。

鞋凳附近宜设置扶手，扶手的安装要牢固，最好设在承重墙上，或在隔墙内预埋钢板或其他加固构件。扶手的形状要易于把握，尽量采用长杆型，并采用手感温润的表面材质，如木材、树脂等。

2）衣柜、衣帽架

在门厅空间较为宽裕的情况下，可以设置衣柜或衣帽架。衣柜门不宜过宽，以免门扇开启对轮椅使用者的活动构成障碍，衣帽间常用部分可做成开敞式，方便拿取物品。

3）穿衣镜

户门附近宜设置能照到全身的穿衣镜。镜前区域应有一定的采光，或设置人工照明。为防止轮椅碰撞，镜面下沿应高于地面 350mm 以上。

5. 设备

可视对讲设备：

应确保使用的便利性。可视对讲屏幕应足够大，便于使用者看清画面。考虑便于乘坐轮椅者使用，其安装高度建议在距地 1300mm 处，并应采用可进行调节俯仰角度的对讲屏幕，根据使用者的实际情况调节最佳视角。

应考虑信息的可达性。对于听力障碍者，对讲机的铃声音量可适当增大，听筒内最好有扩音装置。此外，还可增设视觉提示，应加设带有灯光提示的可视对讲机。

7.8.2 卧室

对于行动不便的人来说，由于活动能力受到不同程度的限制，卧室除了承担了睡眠功能以外，往往还会进行很多其他活动，比如：做护理、看电视、阅读等。对于长期卧床的病人，卧室甚至成为了他们全天使用的生活空间。因此，卧室的设计要点是安全、方便和舒适。

1. 平面布置

卧室空间的面积及尺寸要适宜，过分压缩面积和过于空旷都不可取。前者会使居住者感到压抑，并阻碍其正常通行，后者则会使家具布置过于分散，在行走活动时会因无处扶靠而发生危险。

卧室中的功能分区主要有睡眠区、储藏区、通行区、阅读区，大些的卧室还有休闲活动区。相对应的家具，床、床头柜、衣柜、小桌等家具的位置应该安排得当。

当使用者需要使用助行器和轮椅时，在卧室中要预留轮椅的回转空间。需要注意的是，卧室进门处不宜出现狭窄的拐角，以免急救时担架出入不便。

卧室的主通道净宽宜大于900mm，并能通向床的长边。有轮椅进出的卧室内要在布置好主要家具以外留出一块不少于1.5m×1.5m的轮椅回转空间。

2. 家具布置

1）床

床的长度对于房间的长宽影响最为明显，其宽度则关系到日常的使用。床的长度一般为2.0m，单人床的宽度为1.0 ～ 1.2m，双人床的宽度为1.5 ～ 1.8m。处于借助期和介护期的人，在卧房中最好布置两张单人床，这样做无论居住者是夫妇两个还是独居者，都可以互相照顾并避免互相干扰。特别是进入介护期时，护理人员可以同室居住，方便照料。

借助期的人，使用助行器具或轮椅的人，上下床都比较费劲，床的周边要留出足够的空间使他们接近，通行的宽度通常不小于900mm。乘轮椅者上下床需要将轮椅以45°角斜向靠近，床面的高度最好能与轮椅的坐面等高。

介护期的人，使用的床的宽度宜为1.0m左右。床的两个长边都需要临空。一侧需要预留不小于900mm的通行宽度，另一侧要为护理者留出不小于500mm的操作空间。

2）床头柜

床头柜的作用是可以放置一些日常用品，比如：水杯、眼镜、台灯等，也可以作为行动不便的人起床站立时的支撑物。床头柜的高度要略高于床面，在600mm左右比较合适。

床头柜要紧靠床头摆放，最好双侧都有。如空间有限，宜放置在床的右侧。偏瘫患者则要在正常侧的床头，这样可以在拿上面的物品时比较方便，特别是在紧急时刻，比如：病人在突发症状，想拿取上面的药品时，不用做大的动作就可以满足急需。

3）衣柜

卧室内的衣柜有两种形式：壁柜和成品衣柜，是卧室内主要的贮藏家具。一般衣柜的深度通常为550 ～ 600mm。衣柜的正面最好能够朝向窗口，在存取物品时可以看得更加清楚。

衣柜的门扇宜选用推拉门，如果是外开门的衣柜，前方要留出拉开柜门和拿取物品的操作空间。

4）电视机

由于老年人常常在白天收看电视，所以电视机所放置的位置，要使屏幕避免正对窗口形成反光。行动不便的人常常半躺在床上收看节目，电视机最好能够正对床头，当卧室的开间较小时，为了保证通行宽度，也可以将电视机悬挂起来。

3. 门、窗

1）门

门的有效通行净宽应在800mm以上，要能保证轮椅通行。户门把手一侧应留有不小于 400mm 宽度的距离，方便轮椅使用者接近门把手、开关门。

2）窗

卧室窗是居住在其中的人享受阳光、新鲜空气和与外界接触的主要途径，这点对于长期卧床的人尤为重要。开窗的面积应满足天然采光和自然通风的要求，窗外宜有良好的视野。

窗的开启扇的位置要注意与室内家具的布置不冲突。同时，为了避免开窗时，冷风直吹到卧床的人，床位不宜离窗户太近。对于乘轮椅者居住的卧室，要在窗前留出乘轮椅者接近并开启窗扇所需要的空间。窗把手的位置和形式要方便人进行操作。

落地窗要重视安全防护。落地窗应采取防护措施，宜在室内加设护栏，防止人或轮椅误撞到玻璃上。

4. 电气设备

1）照明设备

照明灯具应分级设置，既有均匀的整体照明，又在重点部位设有局部照明，以满足使用者的需求。

2）开关

开关的形式宜选用方便操作的大按键开关。可在卧室的床头采用双控开关控制主灯或夜灯，方便在床上操作。

3）插座

在卧室的床附近除了设置床头灯、台灯等插座外，宜预留 1 个插座以备用必要的医疗器械。

7.8.3 起居室、餐厅

起居室和餐厅都是家庭中的公共活动空间。一些中小户型常常是起居室和餐厅是一个大厅中的两个不同的功能分区。应该以营造开敞明快、亲切温馨的气氛，加强行动不便的人与家人的交流为设计的重点。

会客接待、收看电视及进餐等空间要在便于出入的位置上摆放适合行动不便的人的座位或者留出轮椅位置。

起居室坐具的摆放应方便进出，防止绕行和绊脚。尽量避免采用大型组合沙发，以免将座席区围合得过于封闭，造成通行不便。

家具最好不要选择带有锋利棱角的样式。易倒伏的小件装饰品，如：头重脚轻的细高花盆架等均需慎用。

要注意电视与采光窗的位置关系，电视屏幕要避免正对采光窗，使人在白天无法看清画面。电视设置的高度也要合适，防止长时间低头看电视造成的颈部不适（图 7-5）。

图 7-5 家具

7.8.4 厨房

厨房，是准备食物并进行烹饪和洗涤、收纳餐具的房间，厨房通常包括灶台、洗涤池、切菜的台面及储存食物的设备（例如:冰箱）。在厨房中需要使用水、电和燃气。因此，厨房中的无障碍建设首先应确保使用者操作时的安全性和便利性，也应该考虑一定的舒适性以减轻家务劳动带来的负担。厨房无障碍设计的要点主要有以下几方面：

（1）对于乘轮椅者使用的厨房，需要厨房中有轮椅的通路和回转空间，由于手功能范围的缩小和降低，需要调整操作面以及储存空间。

（2）按合理的操作流程布置厨房设施，使行动不便的人可以方便地进厨房操作并减少失误，尽量减少搬运路线以及危险动作。

（3）防止和减少意外伤害。

图 7-6 所示为一个满足乘轮椅人士使用的厨房。

1. 空间布局

厨房空间尺度要适宜。对于一般的行动不便的人，两侧操作台之间的通行和活动宽度不应小于 900mm。乘轮椅者使用的厨房内还应有直径 1500mm 的轮椅回转空间，使乘轮椅的操作者能够自由回转和接近厨房的设备。在一些中小户型的住宅中，厨房的面积受到一定的

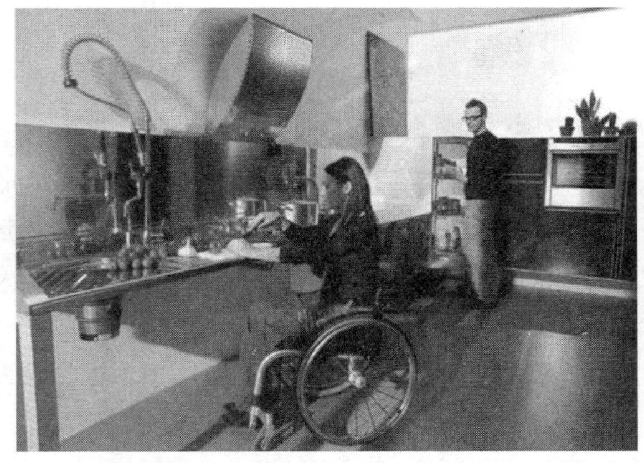

图 7-6 方便乘轮椅人士使用的操作台

（资料来源：中国无障碍促进网）

制约，可以将操作台下方局部留空，一方面可以作为轮椅回转可利用的空间，另一方面也便于使乘轮椅者接近操作台。

将洗涤池、操作台和灶具保持同一高度，并按照操作顺序连续布置有关设备，尽可能使“洗、切、烧”烹饪操作流线短捷、顺畅、合理。布置连续不间断的操作面的目的是避免让操作者在移动中双手搬运，因为做此动作时，手中的物品正好会遮住视线，难以发现前方地面上的水迹和杂物，使滑倒的概率增大。

厨房和室内其他相邻空间宜保持视线上的通达，比如门扇在视线范围内采用透明玻璃，或在厨房与其他房间之间的隔墙上开设可视窗洞等做法。

2. 地面

厨房地面应能够防滑。地面装修材料应选用质地致密、耐脏易清洁、遇水及油水混合物仍防滑的材质。

厨房的楼板作降板处理时，其楼板标高比其他房间的地面低，应选择合适的地面装修材料及铺装方式，避免厨房出入口处与其他房间衔接时出现高差。

3. 门窗

厨房门可选择平开式、推拉式门等形式，要保证扇开启后的有效通行净宽度不小于800mm。

厨房门选用推拉门时，宜选择上轨的款型，当选择有下框或下轨的款型时，应与铺地上表面做平。

门把手应以手易于抓握和施力的形式为宜，如杠杆式门把手，不宜采用需要手部精细动作才能开启的门把手，如球形门把手等。

平开门在视线范围内宜设置观察窗，避免开门时对他人造成碰撞。

应注意窗的开闭形式、窗台深度及细部处理。窗扇开闭形式应不影响操作、置物窗台深度设置及窗扇把手位置应便于开闭窗扇。

4. 设备

1）炊灶设备

由于燃气灶具有明火，对于高龄及有感知障碍，比如：视觉障碍、嗅觉障碍等，需要独立做饭的人，在厨房中宜选用更加安全的电热方式以减少火灾隐患。

明火灶具应配备自动熄火、报警等装置以及便于开闭的阀门开关。

2）洗涤设备

混水龙头应选用压杆式等便于用手操作的款型，宜设有温控设置，避免使用者不慎被热水烫伤。

3）开关插座

开关插座的位置应方便使用者接近操作。操作台面之上宜设置一定数量的电源插座，供摆放在台面之上的微波炉、电饭煲及小型电器使用。中部、低部和地柜内也应预留一定数量的电源插座，供冰箱、洗碗机、电烤箱、垃圾处理器等电器使用。

适当预留电源插座。厨房用电设备较多，宜根据使用要求在适当位置预设电源插座，并为日后增添新的设备留出余量。

4）安全设备

厨房内宜设置燃气泄漏报警器及火灾报警器。

5. 部品

1）橱柜

低橱柜和高橱柜的高度在 400 ~ 1400mm 之间时，乘轮椅的人和老年人比较容易触碰到。

收纳柜下方局部留空以便轮椅接近操作台，乘坐轮椅者使用时，如需使轮椅能从正面靠近操作台，其下的低柜从台面前沿内收 250mm，下部抬高 300mm，既保证一定储藏量，又便于轮椅踏脚板插入。

2）灶台、水槽、操作台

灶台、水槽、操作台最好彼此相邻，台面的高度应在 800 ~ 850mm 之间，并在下方应留有活动空间以便轮椅接近进行操作，下部活动空间的净宽和高度都不应小于 650mm，深度不应小于 250mm。

7.8.5 卫生间

卫生间是供居住者进行便溺、洗洁、盥洗等活动的空间，也是家庭生活卫生和个人生活卫生的专用空间。同时，卫生间也是最容易发生跌倒、摔伤等危险事故的高发区，尤其是残障人士和老人独立使用时，更需要给予特别的关注。此外，在卫生间出现事故及时进行救助的问题也要重视。因此，如何保证使用者的安全、方便和舒适，是卫生间无障碍设计的重点。

1. 空间布局

卫生间宜与卧室相邻布置，或在卧室中独立设置，方便就近使用，避免晚间起夜时穿过其他空间而产生的不方便。

卫生间应确保适当的空间。坐便器前端应留出足够的空间，便于使用者起身、站立。当使用者为乘轮椅者时，要留出轮椅停留的空间。

淋浴间附近及浴缸进出侧应留出适当的护理空间。

2. 地面

卫生间地面避免在出入口处与其他房间衔接时出现高差，如有高差，高差不应大于 20mm，并应进行抹角处理平缓过渡。卫生间内淋浴间地面与邻近地面使用不同材质时，应处理好过渡关系，实现平滑衔接。淋浴间隔断门下部可采用橡胶类的软质挡水条，便于轮椅出入。

卫生间做好排水防水处理非常重要。要能够有效组织洗浴湿区的排水，做好地面找坡，以实现快速、有效地排水。避免出现积水，带来因此摔倒的危险。

地面的装修材料应采用防滑性能较好的材质，且应防水耐污，便于清扫。

3. 门

门的开启净宽应不小于 800mm，以保证轮椅能够顺利通行。

门的形式宜采用外开门或推拉门。这是因为当使用者突发疾病或意外而倒地时，身体可能堵住门口，内开门则不便于打开门救助。而这两种开启形式易于操作，并便于施救。

洗浴空间隔断门宜采用推拉门或软质浴帘。推拉门或软质浴帘开启时不会占据过多的空间，有助于洗浴空间的有效利用。

门的材质应确保使用安全。门扇应选择防撞、防碎裂的材质。淋浴间隔断门如采用玻璃，应采用不易碎的安全玻璃。门扇下部距地 350mm 的范围内材质的选择应特别注意，避免被轮椅脚踏板撞坏。

门把手应便于开闭操作，门把手应根据使用者身体条件，选择适当的形式。旋转式的球形门把手不利于老人或手部残疾者抓握施力，宜选用杆式门把手。

4. 安全抓杆

行动不便的人在如厕起身、盆浴时进出浴盆以及淋浴时移动身体改变姿势时都需要借助安全抓杆支持身体。水平抓杆供行走和横向移动身体时使用。垂直抓杆则在转身、跨越以及改变站坐姿时使用。

（1）在坐便器旁设置安全抓杆，辅助如厕起坐。

坐便器的一侧靠墙时，可在靠墙一侧设置 L 形安全抓杆，L 形安全抓杆的水平部分应距地面 700mm，垂直部分应距坐便器前端 150 ~ 200mm，高 700mm（图 7-7）。

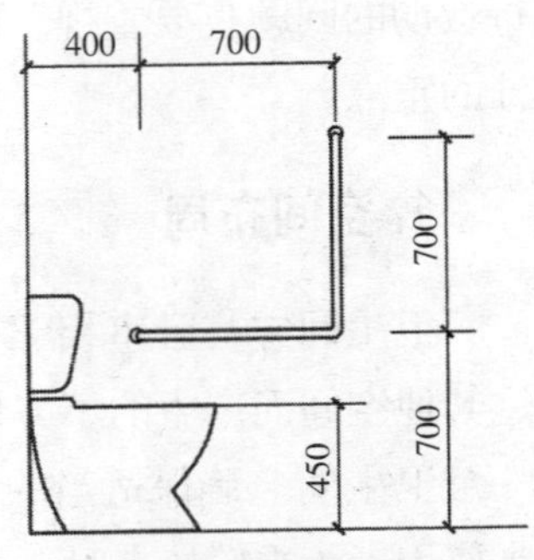

图 7-7　坐便器旁设置 L 形安全抓杆的尺寸示意图（mm）

坐便器两侧临空设置时，宜设置可折叠的安全抓杆，其安装高度为距地面 800mm 左右。

（2）在洗浴空间内设置安全抓杆，辅助进出、起坐、转身。

淋浴间侧墙可设置距地面 700mm 的水平抓杆和高 1400 ~ 1600mm 的垂直抓杆，或者设置连续的扶手供进出淋浴间时移动使用。

浴缸进出侧可设置距地面 800mm，高度为 600 ~ 800mm 的垂直抓杆，方便进出浴缸时的抓握，浴缸内侧墙面上宜设置 L 形抓杆辅助洗浴时的起身、移动，水平部分高于浴缸边缘 200 ~ 300mm，垂直部分高度为 600 ~ 800mm。

（3）在洗手池旁宜设置扶手。

洗手池前端设置扶手，供轮椅使用者拉扶移动、接近洗手池。

5. 卫浴设备

1）盥洗台及洗手池

洗手盆或盥洗台下部应部分留空，以便以坐姿洗漱。洗手盆或盥洗台下部应留空宽约 750mm、高约 650mm、深约 450mm 的空间，供乘轮椅者膝部和足尖部的放置（图 7-8）。

2）冷热水配件

水龙头应便于开闭操作及调节水温。宜选用压杆式单柄可调节温度和水流的混水龙头，防止意外烫伤（图 7-9）。

图 7-8　盥洗台下部留空

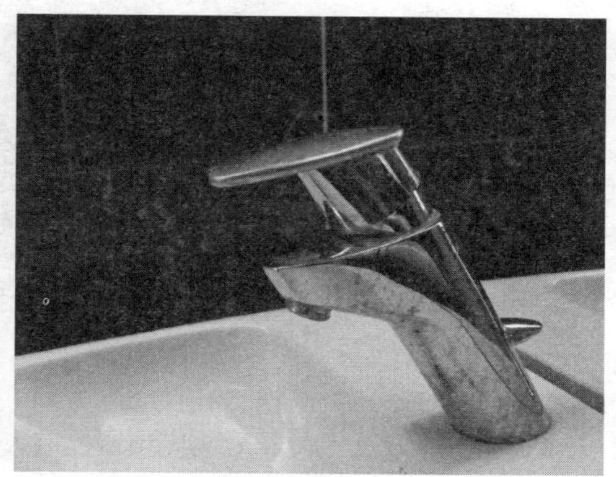

图 7-9　压杆式单柄调温的混水龙头示例

3）坐便器

坐便器的高度要适宜，为了使乘轮椅者就位、离位方便，坐便器坐板面宜和轮椅坐面高度接近。

冲水开关和手纸盒的位置应保证坐在便器上能够伸手可及。手纸盒通常设在距坐便器前沿 100 ~ 200mm、高度距地 400 ~ 1000mm 的范围内。

6. 电气设备

1）照明设备

卫生间的主要照明灯具应能提供整体、均匀的照度。照明灯具的照度值应达到 100lx，并应具有较好的显色性，以便使用者观察面部、身体的状况。老年人的视力有所衰退，应适当提高照度要求，建议为 200lx。

应为盥洗区设置局部照明，以达到更高的照度要求。盥洗区照明灯具应能正常、均匀地照亮面部，其照度值宜为 700lx。注意避免灯具的形式和安装位置产生眩光。

2）开关

开关的高度应兼顾站立者和轮椅使用者的需求。开关距地高度通常应为1100～1200mm，特殊位置的开关可根据具体需求设置。

应采用大按键式开关，方便触压（图7-10）。采用大按键式开关便于使用者用手掌、肘部等部位触按。开关面板不宜有过多按键，避免误碰。对于视力有障碍的使用者，应使开关面板与墙面颜色形成一定反差，方便识别，还可选择有按键发声功能的开关。

图7-10　大按键开关的示例

3）插座

盥洗台上方及坐便器后侧应预留插座，并应选用防水插座。盥洗台插座应设置在台面以上，便于使用电吹风机等小型电气设备。坐便器后侧墙面宜预留插座，供智能便座使用。

4）紧急呼救设备

卫生间应设置紧急呼救设备，并与家中其他房间或社区医护站等相关部门连通。坐便器、洗浴区附近应设置紧急呼救设备，其位置应便于发生危险情况时触碰。通常可设在坐便器前侧方。紧急呼救按钮可另设拉绳，绳端下垂端距地面100mm，便于倒地后拉拽求救。

5）通风设备

卫生间要安装通风换气装置。即使卫生间内已有窗户，也要安装通风换气装置，因为重度残疾人排便的时间比较长，有可能需要1～2个小时，而在寒冷的天气里不能一直开窗。

7.8.6　阳台

阳台是建筑物室内的延伸，是居住者呼吸新鲜空气、晾晒衣物、摆放盆栽的场所，封闭阳台还能兼有储藏和收纳的作用，因此阳台的设计需要兼顾实用与美观的原则。作为室内外的过渡空间，阳台在整个套型中的特殊作用是其他部分所不能代替的，特别是对于上下楼不方便的人，在阳台上享受一下直射的阳光和窗外的风景对他们的身心健康非常有好处。

1. 地面

地面应选用防滑、耐磨、容易清洁的铺装材料，且材质不宜过于光亮，避免有强烈的反光。

阳台不宜设置门槛，与其他房间交接处不应有高差。

开敞的阳台应保证排水顺畅。开敞式阳台应防止下雨时雨水倒流至房间内，须注意做好阳台的找坡及排水措施。

2. 门窗

门的开启净宽应保证轮椅通行，阳台门的有效通行净宽应不小于 800mm。如果选择推拉门时，应选择上轨的形式或者将下轨暗埋在楼面的做法，避免门槛妨碍轮椅的通行。

门把手形式应便于抓握施力。应根据居住者的身体条件选择适宜的门把手形式。

3. 安全防护

开敞阳台栏杆或实体栏板高度应高于 1100mm。阳台栏杆应防锈、易擦拭，供撑扶倚靠的横杆部分应选择触感温润的材质，并可以做成扁平的形式，提高扶靠时的舒适度。开敞阳台的栏杆下应设护板，防止物品掉落。

8　无障碍的公共建筑

8.1　概述

公共建筑主要包括办公、科研、司法建筑，教育建筑，医疗康复建筑，福利及特殊服务建筑，体育建筑，文化建筑，商业服务建筑，汽车客运站，公共停车场（库），汽车加油加气站，高速公路服务区建筑，城市公共厕所和历史文物保护建筑等。随着城市综合体等集合型建筑的出现，建筑的类别更加繁多，但都是由基本的功能单元构成。公共建筑是为公众服务和使用的，为体现公众参与的平等性，无障碍设计会渗透进每个使用空间，通过交通无障碍、服务设施无障碍和信息无障碍的设置，形成完整的无障碍系统。

8.2　公共建筑无障碍设计的共性

公共建筑因其为公众使用的特性，在室内外及水平、垂直交通的无障碍通行、低位服务设施和厕所电梯等无障碍设施的设置，以及无障碍标识等方面的设置等方面，有共性的要求。

8.2.1　交通无障碍

从出行的方式考虑，针对乘坐机动车方式的出行，在公共建筑的停车场要设置无障碍机动车停车位，按每 100 辆设置 1% 的无障碍停车位设置，并至少保证不少于 1 个无障碍停车位；对于驾驶残疾机动轮椅车的人群，根据公共建筑的类型和肢体障碍人士使用残疾机动轮椅车的频率，在自行车停放处或靠近出入口的区域酌情设置；在步行区域，要使城市道路与人行道的连接，以及到达建筑基地内主要人行通道和建筑出入口的通道，形成无障碍通道系统，可利用缘石坡道、轮椅坡道等设施解决通道的高差问题，并确保地面的平整、防滑和不积水。

公共建筑往往人流较大，建筑物的无障碍出入口多设置在公众方便出入的位置，易于找到。建议主要出入口结合场地的竖向设计，设置成坡度小于 1 ： 30 的平坡出入口。也可将坡度的场地和台阶相结合，既保证了建筑形象的效果，也能够满足大人流下的无障碍交通（图 8-1）。若建筑物内设置有无障碍电梯，那么无障碍出入口应设置在离此电梯厅较近的位置。

建筑物内的竖向交通，在设有电梯时，至少其中的一部要设置为无障碍电梯供行为障碍人士使用。

楼梯的无障碍设置要根据建筑类型和使用人群的需求，如福利及特殊服务建筑的楼梯都应该按照无障碍要求设置，办公、商业服务、文化、体育、教育等建筑中供公众使用的主要楼梯为无障碍楼梯。无障碍楼梯的设计，要对楼梯宽度、踏步宽度和高度、栏杆处的

图 8-1 坡度的场地和台阶相结合

安全遮挡措施等方面进行控制，同时还要注意材质的选用和提示的设置，如在踏步起点和重点处设置提示盲道，踏面和踢面进行颜色的区分和对比，配合楼梯间内比较好的照明，有利于视觉障碍者的通行。

停车往往是到达一个建筑物的第一步，对可达性影响很大。一些要素如标识、从停车位到入口的距离、外部流线设计等，对每个人都有影响，不只是残疾人士。例如，在一部美国的无障碍设计的导则中就提出了以下原则：

（1）建筑物的外部通道要便于任何人通行，路向明确，并有足够的宽度，表面坚实、防滑。

（2）无障碍停车位应尽量靠近入口，尤其坡度较大的地形更应如此，最好和入口在同层。最好在临近入口 50m 以内，如设有顶通道可增加到 100m。

（3）从入口宜有指向无障碍停车位的路标，间隔区应清晰标出。

（4）间隔区的尺寸是为满足门和后备厢盖子能充分打开，司机或乘客可以转换到轮椅上。如果车位没有足够的长度保证车的后部使用，可以在车行通路靠近车位一侧加一排人行道，这样做既可做车后部的空间，也能保证行人的安全（图 8-2）。

图 8-2 车库内车行通路边的人行道

(5) 车场内的人行区要明确标出。

(6) 如果在两排停车位之间有路缘，转换区域和通向建筑的道路，需满足轮椅的自在通行，在交叉点设提示盲道。

(7) 多层停车场中的无障碍车位应和主要的无障碍入口在同一层，或与停车场主要的出入通路在同一层。

(8) 停车场内需要有明显的标识表明去服务处、电梯、楼梯、卫生间的路径。

(9) 有售票机、投币、刷卡的出入口，或其他有控制功能的地方，其空间尺度及功能设计应便于每个人使用。

(10) 出租车、巴士的落车点，以及车接人的等待区，要靠近建筑的主入口。

8.2.2 建筑内部设施的无障碍

公共建筑是为公众使用和服务的，根据使用功能会设置各种服务窗口、售票窗口、公共电话台及饮水器等，这些设施要保证有一定数量的低位设置，满足乘轮椅及其他行为障碍人士可靠近使用。

无障碍厕所的设置，根据不同使用功能建筑的需要，在位置和数量及具体无障碍设施上都有不同的要求。如办公、科研、司法建筑，在面向公众的建筑中，至少要设置一个无障碍的专用厕所，另外在男女厕所中可增加无障碍厕位、洗手盆、小便器等无障碍设施，方便更多的行为障碍人士使用；而体育建筑，不同级别的场馆、不同休息区域的观众数量不同，无障碍厕所的数量也有适当的调整。

为使公共建筑的无障碍设施更加方便使用，要系统化地进行设置，并通过标识的设置，使无障碍设施便于找到和使用。

8.3 公共建筑无障碍设计的特性

8.3.1 概述

因其提供服务的内容、使用人群的不同，公共建筑的无障碍设施具有各自的特性，主要体现在出入口、水平和垂直交通、无障碍厕所、低位服务窗口、无障碍车位及轮椅席位的设置上。

医疗保健建筑进行无障碍设计的范围应包括综合医院、专科医院、疗养院、康复中心、急救中心和其他所有与医疗、康复有关的建筑物。医院是为特殊人群服务的建筑，无障碍设施的设置会大大提高人们就医的便捷性，缩短就医时间，改善就医环境，而且可以从心理上改善很多行为障碍者就医的畏难情绪。医疗保健建筑无障碍交通设施的设置很重要，如无障碍通道的宽度在相应空间要满足轮椅或推床的要求；最好所有的电梯和楼梯均为无障碍电梯和无障碍楼梯。院区主要出入口处，设置盲文地图或供视觉障碍者使用的语音导医系统和提示系统、为听力障碍者提供方便的手语服务及文字提示导医系统。此外，儿童医院是哺乳期妇女和婴儿较为集中的场所，设置母婴室可以减少一些在公众场合哺乳、换尿布等行为的尴尬，也可以避免母婴在公共环境中可能引起的感染，对母亲和孩子的健康都更为有利。

福利及特殊服务建筑进行无障碍设计的范围应包括福利院、敬（安、养）老院、老年护理院、老年住宅、残疾人综合服务设施、残疾人托养中心、残疾人体训中心及其他残疾人集中或使用频率较高的建筑等。因其使用者的特殊性，无障碍设施的设置应更为细致，保证安全与使用的便捷。

汽车客运站建筑进行无障碍设计的范围包括各类长途汽车站，需要在交通无障碍上形成系统性建设，并在如无障碍厕所、低位服务窗口的设置上完善。

公共停车场(库)是指独立建设的社会公共停车场(库)，属于城市基础设施范畴。在《机动车驾驶证申领和使用规定》中，允许五类残障人士申领驾照，因此，会有越来越多的残障人士自行驾驶汽车出行。公共停车场（库）应为老、幼、病、残的出行者设置无障碍机动车停车位。设有楼层公共停车库的无障碍机动车停车位首先考虑设置在公共交通道路的同层，或通过无障碍交通与设施到达地面层。

汽车加油加气站附属建筑和高速公路服务区建筑内的服务建筑，无障碍设计的内容主要是在主要出入口处设置无障碍出入口，男、女公共厕所也要满足无障碍的规定。

历史文物保护建筑进行无障碍设计的范围应包括开放参观的历史名园、开放参观的古建博物馆、使用中的庙宇、开放参观的近现代重要史迹及纪念性建筑、开放的复建古建筑等。由于文物保护建筑及其环境所具有的历史特殊性及不可再造性，在进行无障碍设施的建设与改造中存在很多困难，为保护文物不受到破坏必须遵循一些最基本的原则，如无障碍设施应为非永久性设施、材质的选择与古建相协调、进行无障碍游览路线的规划，在确保文物不受到破坏的前提下保证无障碍地观览。

以下就办公、科研、司法建筑，教育建筑，文化建筑，商业服务建筑，以及体育建筑的无障碍建设进行详细解述。

8.3.2　办公、科研、司法建筑

办公、科研、司法建筑进行无障碍设计的范围包括：政府办公建筑、司法办公建筑、企事业办公建筑、各类科研建筑、社区办公及其他办公建筑等。在这类建筑中，一般分为为公众办理业务与信访接待的办公建筑空间和其他如内部办公使用的建筑空间，不同的建筑空间因办公服务对象的不同，无障碍设施设置和数量的需求也有所不同。无障碍设施主要为：无障碍出入口、无障碍水平和垂直交通、无障碍厕所及轮椅席位等。

我国第一座比较充分的无障碍办公建筑，是2005年投入使用的中国残疾人联合会办公大楼。建筑面积15712m^2，地上6层，地下2层，是2008年北京残奥会的指挥中心。办公楼设置了无障碍出入口、无障碍通道、无障碍楼梯和电梯、无障碍厕所。厕所的门安装了红外线感应装置，可自动关闭；楼内的公共区域设置了提示和行进盲道；走廊设置了无障碍扶手，扶手的端头和转角处用盲文标示出所处层数、房间号、办公室名称等；400

席位的多功能厅观众座席可以自动伸缩，并设置了18个轮椅席位；室内采用呼叫、闪光、广播三种报警系统，在场内设环形消防通道并在疏散楼梯间旁设避难间和救助阳台，遇有险情三种报警系统同时启动，便于残疾人疏散和救助。

1. 出入口和通道

为公众办理业务与信访接待的办公建筑，其主要出入口是人流集中、办公服务交通最为便捷的出入口，所以要设计为无障碍出入口，最好为考虑遮雨的平坡入口（图8-3），通过无障碍通道连接各办公服务厅室。在无障碍通道过长和厅室过大的空间中，肢体障碍者和体弱者在行走和站立等候过程中容易疲劳，需要在避开交通流线的区域增设休息区，设置休息座椅，设置一些低位服务设施如饮水台等，同时为轮椅的停放提供安全的区域（如保证地面平整等）。

图8-3　结合门廊的办公楼平坡入口

其他办公建筑的出入口，至少有一处为无障碍出入口，建议在主要出入口处设置。

2. 竖向交通

建筑内设有电梯时，至少有一部为无障碍电梯。但并不是所有的办公建筑都设有电梯，而且也要考虑电梯在检修期和其他特殊时期的停运，所以尽可能将公众使用的楼梯设置为无障碍楼梯。

3. 厕所

在办公、科研和司法建筑中，厕所的使用量比较大，为保障肢体障碍者和体弱者最便捷地找到和使用，公共厕所中都要设置有无障碍设施或者在公共厕所附近设置无障碍厕所。

考虑到亲友照顾的方便，公共建筑中至少设置有一处专用的无障碍厕所。

4. 轮椅席位

在办公、科研和司法建筑中，法庭、审判庭及为公众服务的会议和报告厅等设置有公众座席。为保证乘坐轮椅者的平等参与，需要在这些场所设置轮椅席位。对于公众使用的场所，公众座席座位数为 300 座及以下时应至少设置 1 个轮椅席位，300 座以上时不应少于 0.2% 且不少于 2 个轮椅席位；对于其他如内部办公的场所，至少要设置 1 个轮椅席位。

8.3.3 教育建筑

教育建筑包括托儿所、幼儿园建筑、中小学建筑、高等院校建筑、职业教育建筑、特殊教育建筑等。教育建筑的无障碍设计，应方便行动障碍的部分学生、老师和访客、家长使用。

教育建筑的无障碍建设与所接收的生源有关。第一类是普通学校，设置无障碍设施是供受伤造成暂时行动障碍的学生使用，具有临时性的特征，所以在出入口、垂直交通和卫生间的关键使用部位，进行无障碍设计；第二类是确定接收残疾生源（指“三类残障儿童”，即“视力、听力、轻度智力残障儿童少年”）的学校，学生身体的残障情况已确认，具有确定性的特征，所以卫生间无障碍的设施要每层都保证设置，另外学习及参加活动的场所都要进行无障碍设计，预留轮椅回转空间；第三类是专门接收视力、听力、言语、智力残障的学生的学校，《特殊教育学校建筑设计规范》（JGJ 76—2003）有更加详细的要求。

中小学校是否接收残疾生源，是由相应的教育管理部门进行规划制定和管理的。义务教育法中用法律形式确定，并在中国逐渐形成以随班就读为主、以特教学校为骨干的残疾儿童教育体制，上述归类中所说的第二类学校，即是确认可接收符合条件的残疾生源进行随班就读的学校。据全国残疾人联合会统计，截至 2012 年 3 月底，全国调查并已实名统一录入“中国残疾人事业统计管理系统”的未入学适龄残疾儿童少年有 82834 名。另据统计，全国的儿童入学率已达到 99%，而残疾儿童入学率却只有 76%。国务院颁布的《残疾人教育条例》第 17 条规定：经过康复训练、具备一定条件的残疾儿童，可以在普通学校随班就读。原国家教委颁布的《关于开展残疾儿童少年随班就读工作试行办法》明确规定：视力、听力、语言残疾儿童少年应由医疗部门、残疾儿童康复部门或当地盲、聋学校的专业技术人员进行检测鉴定后进入普通学校随班就读。然而，在我国很多地方，残疾儿童虽然完成了康复训练，但真正要跨入普通学校的门槛，大多会遭到拒绝和歧视；同时，残疾儿童的家长要承受比普通儿童的家长更为巨大的生理压力、心理压力和经济压力，在对残疾孩子的家庭教育上，他们的重视度相对不够，较少采取积极有效的措施来解决问题。

关注康复残疾儿童健康成长，使他们接受正常的义务教育，这不仅是孩子的权利，更应该成为我们社会的一种责任。法律上有相关的规定，政策和社会中也提供了福利和关爱。

其实，目前国内大中城市的新建学校在水平交通、垂直交通、卫生间及教学用房等方面，都能做到严格按照规范执行，并保证基本的无障碍设施的设置；但在使用上，还要更多地关注这些无障碍设施能否被积极地利用，是否在校园内外形成了一个无障碍体系，保证孩子们从心理到生理上都能借此进行无障碍的学习和活动。

在调查和访谈中发现，一些行走不便的孩子不希望自己总是麻烦、依赖别人或凸显自己的残疾特征，为了少上厕所宁愿不喝水，他们在行为和心理上都有畏惧感。那么，可以根据实际情况，在改造和新建中增加一些设施，如在走廊里设置靠墙扶手，让使用者可以自行前往厕所。另外，学校室外的活动场所、休息场所也要考虑无障碍的可达性，让残疾学生不只是观望者，而能和其他学生一样成为积极的参与者。营造无障碍的环境，让健全的学生和残疾学生一起学习和参加活动，有利于让孩子们从小树立公平、公正和关爱弱势群体的观念。

高等院校一般都建在经济水平比较发达的大中城市，建设资金比较充足，应为学生、教师和来访者提供更为方便的无障碍校园环境和建筑内部环境。

都江堰友爱学校是在中国残疾人福利基金会联合社会各界的赞助下，由上海市人民政府援建的国内首个设施无障碍、残健融合的九年义务教育学校，建筑面积近 18774m^2，可容纳 36 个班级 1680 名学生。友爱校园里的无障碍设施进行了系统化的设置：教学楼和宿舍楼设置了无障碍坡道，电梯、厕所设置了无障碍设施如低位洗手池等；无障碍通道可以使乘轮椅的学生能顺畅到达学校的每一个角落；设置心理咨询室、康复室；每一张课桌的边角、每一个扶手的转角等，全部设计成圆角，防止出现伤害事故。在无障碍的环境中和心理关爱下，行为障碍的孩子和正常孩子一起自信、快乐地在学校中学习。

8.3.4 文化建筑

文化建筑进行无障碍设计的范围包括文化馆、活动中心、图书馆、档案馆、纪念馆、纪念塔、纪念碑、宗教建筑、博物馆、展览馆、科技馆、艺术馆、美术馆、会展中心、剧场、音乐厅、电影院、会堂、演艺中心等。一般的文化建筑都是针对常规群体设计的，易造成特殊要求群体获取信息的障碍。常见的建筑障碍包括：入口处设置台阶，大门宽度过窄，图书馆中书架过高、书架间距过小，厕所、电梯和停车场等公共设施的空间不够或不便让乘坐轮椅的用户利用等。文化建筑要充分考虑特殊使用者对于空间、伸展、操作和感官的需要。

1. 室外场地和停车

室外场地和停车的无障碍设计，是为了实现无障碍到达。建筑基地内的人行道要保证地面的平整防滑与解决高差的无障碍。机动车的设置，按照建筑基地内总停车数在 100 辆以下时应设置不少于 1 个无障碍机动车停车位，100 辆以上时应设置不少于总停车数 1% 的无障碍机动车停车位的要求设置。考虑到方便更多的民众采用绿色出行的方式，自行车的停放要与主要出入口相结合，同时预留出残疾机动轮椅车的停车位。在博物馆、文化中心等市民活动的区域，结合室外景观设置室外休息区，提供更多的休息交往的空间（图 8-4）。

2. 出入口和走道

无障碍出入口适宜设置在人流集中的主要出入口，推荐设置平坡出入口（图 8-5），如果有特殊情况需要设置在其他出入口，要有明确的指示与标识来引导。一些重要的地标性建筑，可以采用利用大坡道引向入口平台的设计（图 8-6）。无障碍出入口内设置检票口和探测仪设施的，要设计便于轮椅通行的通道，保证地面的平整度和通道的宽度符合要求（图 8-7）。大厅和大于 60m 长的走道中，需要避开人流交通设置休息区，为疲劳、体弱和肢体障碍人士配置休息座椅（图 8-8）。

图 8-4　博物馆的室外休息区

图 8-5　博物馆的平坡入口

图 8-7　无障碍的探测仪入口

图 8-6　教堂的大坡道引向入口平台

图 8-8　博物馆内的休息区

3. 竖向交通

文化建筑内为公众服务的建筑，主要楼梯宜为无障碍楼梯。当建筑内设有电梯时，至少有一部要设置为无障碍电梯。

4. 厕所

文化建筑内为公众服务的建筑，每层的公共厕所需设置满足要求的无障碍设施，或者在公共厕所附近设置无障碍厕所。

5. 轮椅席位

文化建筑内的报告厅、视听室、陈列室、展览厅等有公众参与并设置了观众席位的场所，要按照比例和实际使用功能配置轮椅席位，保证至少有一个轮椅席位，安置在方便出入的位置，并在邻近处设置陪护席位（图 8-9）。

文化建筑内的公共餐厅与其他餐饮点，如果以固定桌椅为主，要在便捷的位置设置活动座椅和提供轮椅可接近使用的桌面，在乘轮椅者就餐时，有通行和活动的空间，可以方便地使用桌面进餐。

图 8-9　露天剧场中的轮椅席位

6. 低位服务设施及便捷设备

文化建筑的售票窗口、馆内的各种服务窗口、目录检索台、公共电话台及饮水台等，需设置低位服务设施（图 8-10、图 8-11）。除了建筑方面以外，文化建筑还应该设置适合特殊群体使用的设备。例如，为聋哑人准备的手语电视、特殊报警装置；适合视障者使用的计算机设备和软件及屏幕助视器等设备（图 8-12）；图书馆内的盲文图书、有声文献；为老年人备置的放大镜、老花眼镜；为行动不便者准备的轮椅、升降椅、休息座椅等。

7. 信息无障碍

文化建筑的信息无障碍指充分创造和利用各种条件，帮助特殊要求群体获取信息，以达到信息面前人人平等的目的。以下以图书馆建筑为例。

图 8-10 博物馆中的服务台 1

图 8-11 博物馆中的服务台 2

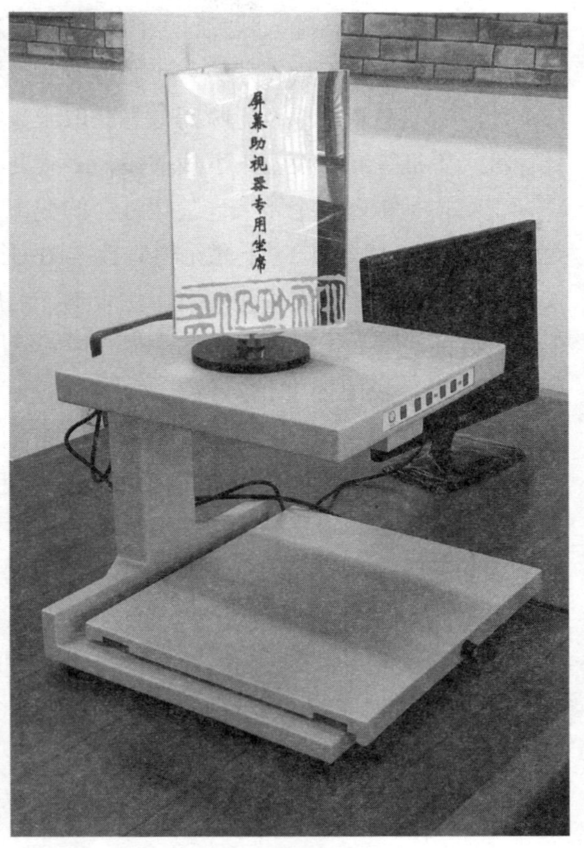

图 8-12 首都图书馆内的屏幕助视器专用座席

图书馆通过培养并贯彻“以人为本”、“平等”和“自由”的服务理念，制定图书馆各项服务“无障碍”的相关政策和规章制度，建设方便特殊要求群体使用的图书馆馆舍和其他配套设施，购置适合这一群体获取信息的各种设备，利用各种馆藏资源以及可获取的文献或非文献资源，通过各种形式的服务，来满足这一群体的信息需求。这就是构建图书馆的信息无障碍体系。

2010 年，国家图书馆、中国图书馆学会共同向全国图书馆界发出加强图书馆信息服务无障碍、创建“全国图书馆信息服务无障碍联盟”的倡议，指出“图书馆信息服务无障碍是指图书馆向读者提供的资源和资源提供方式应该具有可及性和通达性，不存在影响读者接受的障碍。图书馆信息服务无障碍是将城市公共设施建设的无障碍理念引入图书馆服务体系中而形成的全新概念。”

由国家图书馆、中国残联信息中心共同建设的“中国残疾人数字图书馆”（http：//dlpwd.nlc.gov.cn）于 2011 年 4 月 23 日正式开通，该馆首批书目为 1000 册国家图书馆推荐的精品图书，书籍都进行了“无障碍”在线阅读处理。中国残联相关负责人介绍，中国残疾人数字图书馆特别增选了“阅读中国”、方正电子书等中文图书数据库和中外文期刊数据库等内容，残障人士将可足不出户通过网络博览群书、在线接受远程教育等服务。残障人士登录该网站，输入残疾证号码、个人信息等即可查阅相关书籍。

国家图书馆内开辟了残障人士服务专区，将根据残障人士的特殊需要，提供无障碍环境、无障碍信息资源以及无障碍信息获取服务，方便各类残障人士借阅图书。盲人可利用计算机、手机等终端设备来下载书籍，阅读更方便。

上海市是中国首个步入老龄化社会的城市，截至2011年年底统计有94万残疾人，其中视力残疾人15.8万。“上海无障碍数字图书馆”是国内首个提供在线听书的图书馆，引入上海图书馆的“上图讲座”数字化版本，为广大残障人士提供在线讲座的听讲，可以为上海市持证残障人士提供电子书全文有声阅读服务。

近些年，我国图书馆对特殊要求群体的关注逐步增加，力图构建信息无障碍体系，实现信息资源共享的平等。例如，西安市图书馆于2004年开放盲文图书角，并在西安市盲哑学校设立分馆；北京市西城区投资近50万元建成全国第一个计算机化的面积达40m^2的视障者阅览室，于2002年建成并正式对外开放，是国家可持续发展实验区示范项目之一，是目前全国科技含量较高的视障人阅览室，具有创新性、先导性、可持续发展性、国际标准规范性等特点。视障人阅览室除有丰富的盲文图书、有声读物之外，供盲人使用的3台电脑均装有明盲文转换软件和盲文书籍文本文件；从国外引进的轻型盲文刻印机可双面同时打印盲文；多功能视频助视器可辅助弱视读者阅读书籍、文稿。

8.3.5 商业服务建筑

商业服务建筑包括各类百货店、购物中心、超市、专卖店、专业店、餐饮建筑、旅馆等商业建筑，银行、证券等金融服务建筑，邮局、电信局等邮电建筑，娱乐建筑等。

商业服务建筑的范围从城市中心到居住小区，为人们的日常生活提供服务。无障碍设施主要为：无障碍出入口、无障碍水平和垂直交通、无障碍厕所等，旅馆酒店等提供居住服务的商业建筑相应设置无障碍客房及配套设施。

1. 出入口

商业服务建筑要提供一处无障碍出入口，根据人流交通的便捷情况，尽量将主要出入口设计为无障碍出入口（图8-13、图8-14），供公众通行的通道为无障碍通道。可结合商业建筑的特点设计具有橱窗展示效果的平坡出入口空间（图8-15），在避开交通流线的适宜区域增设一些休息区，设置休息座椅，设置一些低位服务设施如饮水台等，同时为轮椅的停放提供安全的区域（如保证地面平整等）。

图8-13　商业建筑的平坡出入口1

图 8-14 商业建筑的平坡出入口 2

图 8-15 商业建筑的平坡出入口 3

2. 竖向交通

一些商业服务建筑内设置了电动扶梯，可以为一般人群提供便捷，但对于乘坐轮椅等一些行为障碍者，还是不能依此解决垂直交通；另外，电动扶梯对于行动迟缓的老人、行为不能控制的幼小儿童，还会造成安全隐患。所以，商业建筑无障碍垂直交通的解决方式，以无障碍楼梯和无障碍电梯为主。

商业服务建筑内设有电梯时，至少有一部为无障碍电梯；当只设置人、货两用的电梯时，也要按照无障碍电梯的要求进行设置。供公众使用的主要楼梯要设置为无障碍楼梯。

3. 厕所

商业服务建筑厕所的使用量比较大，为保障行为障碍者和体弱者最便捷地找到和使用，公共厕所中都要设置有无障碍设施或者在公共厕所附近设置无障碍厕所。在大型商业建筑中，亲友一起出行并停留的时间比较长，建筑中设置有专用的无障碍厕所，为亲友照顾提供方便，同时可以避免在人流拥挤时，使用公共厕所中无障碍厕位的乘轮椅者的进出不便。

4. 低位服务设施

商业服务建筑中有很多服务窗口和操作台面，如银行、证券、邮政、电信的服务窗口，及电话局的电话台、邮件托运台等台面，要分别设置低位服务设施，按照要求减低台面高度、留出台面下的空间，方便乘轮椅者和身高较矮的人接近和使用。在低位服务设施前要留出直径不小于 1.5m 的轮椅回转空间。

5. 无障碍客房

旅馆酒店等提供居住服务的商业建筑，要根据客房数量的规模，设置无障碍客房及相应设施，方便行为障碍者的居住和出行。

无障碍客房要选择便于到达和疏散的位置，如客房区的底层、接近出入口或疏散口和公共服务设施的位置。

无障碍客房考虑到行为障碍者和乘轮椅者的居住，在门洞和通道的净宽、地面材质的选用、室内的轮椅回转空间上，都要达到相应的要求；客房内卫生间和洗浴空间的尺寸需按无障碍的要求进行设置，并安装安全抓杆；家具和电器控制开关的位置要方便乘轮椅者使用。在客房和卫生间的适当位置要设置高度为 400 ~ 500mm 的呼叫按钮，并为听力障碍者设置闪光提示门铃。

8.3.6 体育建筑

体育场馆无障碍设施的完善与否直接关系到残障运动员能否独立、公平、有尊严地参与体育比赛，同时也影响到行动不便的人能否平等地参与体育活动和观看体育比赛。体育场馆无障碍设计也成为了体育场馆整体设计中非常重要的一部分。

我国体育场馆无障碍建设的较大规模实践活动开始于 20 世纪 80 年代末。当时正值第十一届亚运会工程开始规划设计，亚运工程指挥部明文规定，新建场馆务必结合无障碍技术处理。为此，北京亚运会的十多个场馆和公共建筑都进行了无障碍的设计与建设。其中，奥林匹克体育中心的组合式坡道是我国第一个非常有代表性的无障碍通道设施，既节省用地又符合使用要求。不过这些场馆的无障碍设计与建造主要是针对观众的，并不能满足残疾人运动员参加比赛的需要。而 2008 年在北京召开的奥运会和残奥会，则进一步推进和完善了体育场馆的无障碍设施建设，出现了一批无障碍设施完备的比赛场馆，比如：国家体育馆、国家体育场、五棵松体育馆等，均代表了国内体育建筑无障碍建设的先进水平。

体育场馆主要包括场地、观众席和辅助用房及设施三大部分。它所服务的对象除了人数众多的观众外，还有运动员和表演者以及各种媒体记者，再加上工作管理人员、俱乐部成员等。从设计上，这些区域各自相对独立，有完整的服务设施，但又有一定的联系。无障碍设计也要贯穿在每个区域的设计之中，并形成一个完整的系统。

1. 室外场地

在室外场地建设范围内，人行通路在路口处应设置缘石坡道，有条件时要优先选用全宽式单面坡缘石坡道。人行通路设有台阶时要同时设置轮椅坡道。

2. 停车位

公共停车场内需要设置一定数量的无障碍机动车停车位。特级、甲级场馆基地内的停车场（库）要不少于停车总数量的 2%，且不少于 2 个无障碍机动车停车位，乙级、丙级场馆基地内应设置不少于 2 个无障碍机动车停车位。无障碍机动车停车位的位置要求方便地到达出入口或无障碍电梯。

3. 售票处

售票柜台要同时设置低位柜台，高度在 800mm 左右。售票柜台前不应设有台阶或其他障碍物，并且每组售票处宜装有助听设备。

4. 出入口

体育场馆通常根据比赛和训练的使用要求分为不同的功能分区，每个功能分区有各自的出入口。要保证运动员、观众及贵宾的出入口各设一个无障碍出入口。其他功能分区，比如竞赛管理区、新闻媒体区、场馆运营区等也要根据需要设置无障碍出入口。无障碍出入口处应该清楚地标明无障碍标识。

场馆的检票口宽度要能够满足轮椅的通行。现在，很多场馆在入口检票口处安装了磁强计装置的安检门，那么至少要有一个宽度不应小于 900mm 的观众入口不安装磁强计装置的安检门，此门的安检可以通过便携式磁强计进行。

5. 公共走道

室内公共走道应为无障碍通道，通道设有台阶时要同时设置轮椅坡道。通道长度大于 60m 时宜设休息区，放置座椅或预留轮椅停留空间，休息区应避开行走路线。

大厅、休息厅、贵宾休息室、疏散大厅等主要人员聚集场所宜设能够放置轮椅的无障碍休息区。

6. 楼梯

场馆内所有供观众使用的公共楼梯均应该是无障碍楼梯。

7. 电梯

特级、甲级场馆内各类观众看台区、主席台、贵宾区内如设置电梯应至少各设置一部无障碍电梯，乙级、丙级场馆内坐席区设有电梯时，至少应设置 1 部无障碍电梯，并应满足赛事和观众的需要。

8. 厕所

特级、甲级场馆每处观众区和运动员区使用的男、女公共厕所都要求满足无障碍设计的要求或者每处男、女公共厕所附近设置 1 个无障碍厕所。主席台休息区、贵宾休息区应至少各设置 1 个无障碍厕所。乙级、丙级场馆的观众区和运动员区至少各有 1 处男、女公共厕所要满足无障碍设计的要求，或者各在男、女公共厕所附近设置 1 个无障碍厕所。

9. 轮椅坐席

场馆内各类观众看台的坐席区都应设置轮椅席位，轮椅席位数不应少于观众席位总数的 0.2%。无障碍的坐席可集中设置，也可以分区设置，其数量可以根据赛事的需要适当增加，为了提高利用率，可以做一部分活动坐席，当有需要时，临时改为无障碍的坐席，但应该满足无障碍坐席的基本规定。此外，在无障碍坐席的附近应该按照 1∶1 的比例设置陪护席位。

国家体育馆在奥运会和残奥会期间承担了手球、体操、轮椅篮球等很多重要赛事，在馆内北侧看台的中段有一片面积超过 300m² 的平台，是专门为乘轮椅的观众准备的看台（图 8-16）。残疾人观众可以直接通过缓坡从场外来到看台（图 8-17），这里没有设置固定坐席，也没有任何其他障碍。坐在这里不但能俯瞰整个场地，而且角度和高度适中，可谓是观看比赛的“黄金地段”。

图 8-16　体育馆内的无障碍坐席

图 8-17　通往轮椅坐席的坡道

有些体育场馆虽然预留了安置无障碍席位的空间，但空间的尺寸不够，而且在交通交叉处，从设计上讲不合理（图 8-18）。

图 8-18　体育馆内为无障碍坐席预留的空间不足

10. 服务设施

室内外场地的各类服务设施要为残障人士提供方便。比如设置服务设施的同时配备低位服务设施，方便乘轮椅者靠近和使用（图 8-19）。当设有屏幕信息服务设施时，同时提供触摸式语音辅助系统可满足视觉障碍者获取同等信息的需求，而屏幕上提供手语或配以文字提示则可以为满足听觉障碍者带来方便。

图 8-19　场馆内的低位服务设施

9　从无障碍设计到通用设计

“无障碍设计”仍是有差别的设计，大部分环境和建筑中的无障碍设施是为残障人士另行设置的，一般人士并不会去使用。这样的做法造成了一定的浪费，而且不符合“无差别”的理想。为残障人士提供便利的设施，就一定会对其他人士带来不便吗？有没有一种“通用”的设计，对所有人群都是“好的”？这是通用设计这一理念产生的背景。

通用设计（Universal Design，Inclusive Design）的概念是在无障碍设计的基础之上，由美国北卡罗来纳州大学教授 R· L· 梅斯（Ronald L.Mace）于 20 世纪 90 年代提出的，其原始定义为：“与性别、年龄、能力等差异无关，适合所有生活者的设计。”1998 年，国际通用设计中心将其再次修正“在最大限度的可能范围内，不分性别、年龄与能力，适合所有人使用方便的环境或产品设计。”[①]

梅斯 1989 年在北卡罗来纳州大学设立了通用设计中心，进行通用设计的教育和研究，已经成为国家级的研究机构。1990 年美国提出了“通用设计教育计划”，在全美的 25 所大学中率先开设通用设计课程。

在更大的范围来讲，通用设计的理念是社会的“可持续性”的一部分，所以在美国和日本，通用设计被归入“可持续设计”的大类之下。“可持续”关系的是地球上物种的长期生存，在此理念下，21 世纪的社区应是不同年龄、种族、能力的人和谐地生活在一起，共享资源和社会服务，并共同承担责任和义务。这是个互相联系和依存的新的世界，需要系统的思考、不同领域和专业人士的合作，是社会的、环境的、经济的等各个方面的可持续性的整合，需要新一代的设计师理解技术、关心环境、对社会问题敏感、对政策的制定有一定的影响力。

通用设计又称普适设计，是以人为本的常识设计，是将人的生命周期和建筑物的生命周期的一种对应。现在越来越将“通用设计”作为设计的普世性价值取向。

9.1　通用设计的原则

通用设计最著名的纲领，是梅斯提出的七大原则。具体包括：

（1）使用的公平性（equitable use）：不同能力的人士都可以使用并考虑经济性。

（2）使用的灵活性（flexibility in use）：适应广泛的个体差异。

（3）简单而直观的使用性（simple and intuitive use）：简单易用，不会带来某些人群的

① 景峰 . 城市开放空间中的通用设计研究 [J]. 艺术与设计，2011（2）.

使用上的困难或危险。

（4）信息容易理解（perceptible information）：设计简单明了，不会因为使用者理解能力的偏差而带来使用上的不便和危险。

（5）容纳能力（tolerance for error）：尽量避免使用中因误操作而发生危险的可能。

（6）尽可能减少体力上的付出（low physical effort）：考虑到不同使用者的身体状况，可以有效而舒适地使用。

（7）提供足够的使用空间（size and space for approach and use）：照顾到各种体形人士及使用辅具的人士的空间需求。

此外，其他的机构也总结了一些原则。比如，美国堪萨斯州立大学人文生态学院提出的5A原则：可亲近性（accessible）；可调整性（adjustable）；可通融性（adaptable）；有趣（attractive）；经济性（affordable）。

日本Tripod Design公司的七大原则：关怀使用的公平性；确保使用方面的柔软性；简单、易懂的使用方法；采用所有感官皆能理解的信息；防止事故和能容纳错误的发生；减轻身体的负担；容易使用的空间和确保各种条件。

9.2 城市与建筑环境的通用设计

环境的通用设计分为四类：非居住、居住、产品和交通，本书不涉及产品部分的内容。

适用于所有人的建筑本身就不存在，现实的做法是分析每一种残障人士在特定的空间中的具体需求，并给出应对，这恰恰说明，仅仅依靠"一刀切"的标准是不行的，需要依靠"设计"去解决问题。

与人们——使用者一起工作，而不只是为他们工作。了解使用者是非常重要的，在现代，由设计师单向服务的方式已经开始转变，设计师、业主、使用者、顾问等共同工作、有机互动的模式，已经由尝试转向成熟。

用一种固定的规范体系来作为通用设计的基础已不可行，需要更灵活的法规体系，去引导和鼓励真正的为了人的设计。基本上，"无障碍"是以服从法规为基本，满足残障人士的最低要求的需要。而通用设计是一种和实践紧密结合的设计理念，以创造性的设计灵感、思路、手段来满足最广度的、多样化的人一生中的要求。而且，随着我们对于人的需求和能力的深入了解，随着技术的发展，它也处在变化、拓展和完善中。通用设计包含无障碍设计，但通用设计追求尽量多的一致性，而不是区别对待。最好的通用设计是将功能上的便利性和无障碍性融合在设计的整体语言中，糅合一体地去表达。

如爱德华•斯坦菲尔德（Edward Steinfeld）教授所说"通用设计不是要求环境包容来自不同环境的每个人，而是不断地向这个目标靠近。最后，它会更倾向于成为一种通用的设计理念，它会成为一个动词而不是一个名词。"通用设计提供了更多的创造性设计的可能性。

现在一般的情况下，无障碍设施往往是专用设施，在实际使用中发现其利用率低，而且有将残疾人特殊化的实际结果。而老年人和残疾人能与健全人一起使用的设施和设备的利用率却很高。例如，没必要区分乘轮椅者和自己行走的人的需求，都需要找到入口，通过大门到达服务台，都需要用电梯或停车场，如果将人按照不同需求分成不同的组，各组重叠的部分远超过各组的特殊需求。

1998 年，在美国纽约召开了第一届通用设计国际会议，会议的主题是"为 21 世纪设计"。之后又连续举办了几届，在通用设计的理念与推广方面逐渐取得共识。现在在发达国家，通用设计已经开始得到积极的推广与实践，日本是国际上公认做得最好的国家之一。

最终，不会再有所谓的"无障碍设计"，好的设计都是无"障碍"的，"无障碍"是有品质的生活的重要因素之一。

现在足够轮椅通行宽度的大门和走廊、感应系统、防滑的地板等，不应只用于无障碍的住房，应该是住宅的标准配置了。我们应该建造"全寿命周期"的住宅。

9.2.1 城市环境

1. 不同人群的要求

在城市环境中通用设计规定的范围非常广，以香港的实践经验为例，在《香港住宅通用设计指南》中，"规划和空间"这一章，针对不同年龄人群，规定了以下几个部分的内容。

1）儿童

(1) 学前儿童的看护和护理，包括幼儿园及儿童诊所的位置。

(2) 学校的位置、周边交通及文化设施的设计等教育设施的内容。

(3) 户外游戏场所的位置及环境要求。

(4) 安全方面，对于儿童伤害的预防措施。

2）青少年

社交活动设施的位置和内容。

3）老年人及残障人士

(1) 畅达（accessibility）设计，主要为无障碍的通道及无障碍交通系统。

(2) 卫生护理设施的设置。

(3) 户外的交往空间。

2. 不同空间的要求

在人行道、广场等人们经过和停留的室外空间，要营造出宜人的尺度感，提供遮荫和休息（图 9-1 ~图 9-4）。一些优秀的设计将建筑的前廊、雨篷和人行道、广场结合，创造出一种城市的"灰"空间（图 9-5、图 9-6）。

图 9-1 尺度紧凑的室外人行道

图 9-2 商业街的室外

图 9-3 宽阔的人行道

图 9-4 利用建筑周边的环形通道作休息区

在城市景观中，也要尽量去依照通用设计的原则，考虑为不同状况的人能够安全、方便地进入并享用景观环境提供最大的可能。避免危险，提供休憩的场所，并注意细节的处理（图 9-7）。

对于某些建筑，外空间场地是抬升的，进入场地的通达性就很重要，有些场地将坡道设在很偏僻的位置，很难找到，而且会产生分别对待的感觉。如图 9-8 所示，场地的主入口即结合了坡道，就要好很多。

图 9-5　高层建筑下结合人行道的柱廊

图 9-6　建筑场地中的城市性柱廊

图 9-7　建筑的室外景观

图 9-8　建筑场地主入口

在室外，人经过和停留的空间要保证充足的照明，尤其地面照明，往往被设计者忽视，作为夜间安全的必要条件，在靠近路面的部分，宜设置照明的灯（图 9-9）。而直接安置在路面上的灯反而容易产生眩光及地面的磕碰，并不推荐使用。

图 9-9 人行天桥栏板上设灯

室外环境中亲近人的设施，如座椅等，要尽量使用温暖、自然的材料，并兼顾耐久性，易保养。如图 9-10 所示，座椅和绿植箱统一设计，成为一件城市家具，均采用自然的木材，那种陈旧感也是很好的。

图 9-10 木质的城市家具

室外的标识要清晰、醒目并有足够的照明（图 9-11）。

图 9-11　广场的地面标识

9.2.2　建筑

通用设计的原则，运用得好，并不会给建筑创作带来束缚，反而可以激发更多的灵感，产生更人性、优雅的美(图 9-12、图 9-13)。而且便于更多的人能够享用更多的空间。如图 9-14 所示的屋顶花园，婴儿车可以在上面自如地使用。

图 9-12　设置循环上升坡道的自然展厅

室内空间的采光与照明也非常重要，如图 9-15、图 9-16 所示，音乐厅的公共空间设置遮阳的通长天窗，使得整个空间在白天光线均匀柔和，采光充分。而空间中不同高度的人工照明，满足了不同的功能要求，尤其在地面附近提供了很好的照明。

图 9-13　表达建筑创意的坡道

图 9-14　屋顶花园

图 9-15　音乐厅的公共空间

图 9-16　音乐厅的公共空间中的休息区

9.3 当今通用设计的难点与重点

9.3.1 安全性

“安全性”，也是通用设计的重要组成部分。比如在《香港住宅通用设计指南》中即规定，“建议每个家庭都应制订一个疏散计划，并顾及老幼残弱的需要。”疏散计划主要包括：

（1）在房间和公用区张贴包括各种相关设施的平面图，并标出疏散路线。

（2）报警设施。

（3）疏散通道及出口的通畅。

（4）灾难疏散演习（图 9-17）。

图 9-17　灾难疏散演习现场

如何在建筑中为老幼病残设置避难场所，在我国的各个法规中还没有明确的规定。在《香港住宅通用设计指南》中建议以下场所用作避难场所，我们可以有所借鉴：

（1）疏散楼梯间的防烟前室（图 9-18）。

（2）消防电梯间前室（图 9-19）。

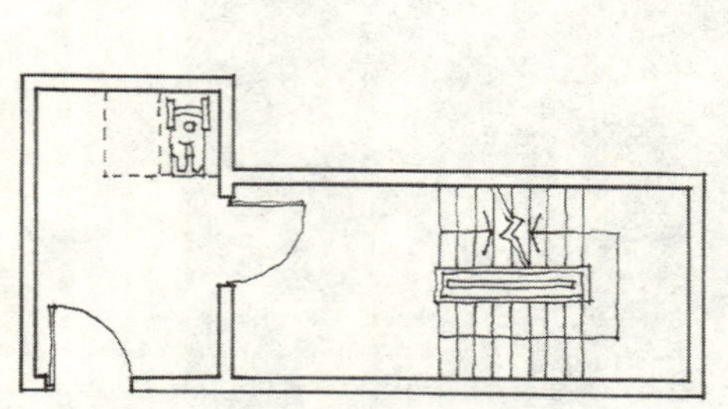

图 9-18　疏散楼梯间的防烟前室

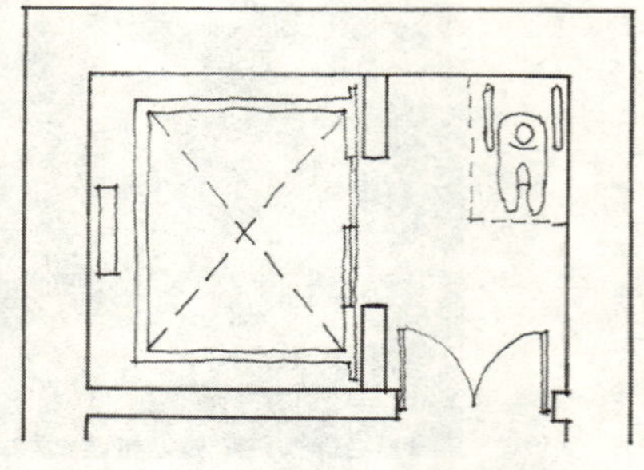

图 9-19　消防电梯间前室

（3）有通风设备的楼梯间上落处（图 9-20）。

（4）靠近楼梯的外围露台（图 9-21）。

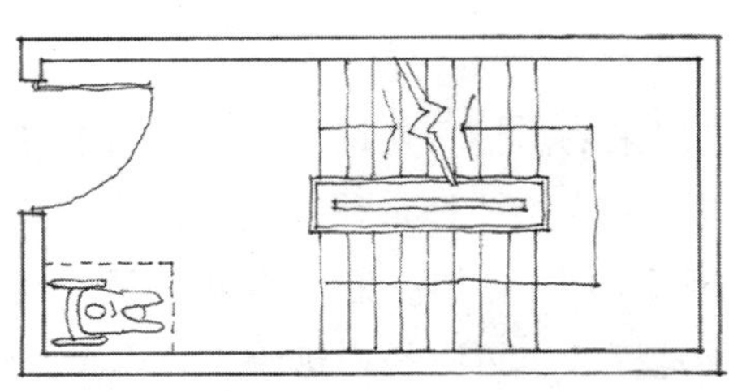

图 9-20 有通风设备的楼梯间上落处

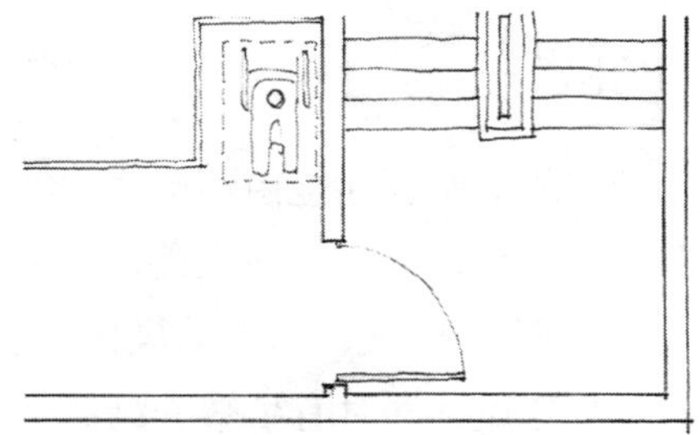

图 9-21 靠近楼梯的外围露台

在该指南中，对避难区提出了详细的建议性要求：

（1）地面防滑，并要有指引铺装。

（2）应设防火门。

（3）至少设一个轮椅停放区，每个轮椅停放区的面积不小于 800mm × 1200mm，轮椅停放区不应阻塞消防通道。

（4）应设标识。

（5）设置通信设备和紧急救援按钮。

虽然我国仍处于研究和逐步完善的阶段，但在防灾设计中，考虑到老幼病残人士的疏散是大的趋势。在很多国家包括我国的规范中，电梯是不能作为疏散用的，只能依靠疏散楼梯来进行疏散。但在美国已经开始进行其他的尝试，包括：

（1）通过减轻火灾、地震或其他灾害带来的影响，比如提高材料的耐火等级、提高抗震性能等，来减轻安全疏散的负担。

（2）提高疏散楼梯的使用效率。

（3）提高电梯的性能和安全可靠度，更好地发挥电梯在灾害中的作用。

在美国的通用设计研究中，已经将电梯纳入灾害疏散的工具之一，不只是消防队员可以使用，一般的民众都可使用。一种被称作“电梯疏散操作系统”（EEO）的自动系统的开发和应用，使得消防的管理部门和研究人员也开始认可未来电梯可作为火灾的疏散之用，这对于残障人士和老年人无疑是一福音。

对于老弱病残人士，意外伤害也是安全性中要考虑的要素，在日常的生活中，主要可能发生的意外伤害是跌倒、磕碰带来的身体损伤，所以要采取以下措施：

（1）防止儿童从窗户跌下，安装防护栏杆等。

（2）防止浴室滑倒，安置防滑垫、夜灯照明等。

（3）防止厨房跌倒、磕碰，保证照明，避免厨具的安全隐患等。

（4）家具、陈设避免安全隐患。

在家居生活中，预防中毒也是安全性的重要内容，主要是防止一氧化碳中毒，要设警报装置，保证自然通风。

在室内外环境中设置应急措施是必需的，如急救设备、紧急求援设备、智能化呼援服务等（图 9-22）。

9.3.2 细节

通用设计的原则往往是由环境中的细节贯彻出来的。细节处理非常重要，需兼顾牢固、安全、美观、易用，充分体现人性化。细节中表达的人性关怀，往往能令使用者感到温暖与善意。比如图 9-23 中，水边的竖向栏杆做成弧形，既更加保证了不易攀爬，而且在视觉上和水波相呼应，同时有足够的脚部空间，乘轮椅者也可以扶栏远眺。

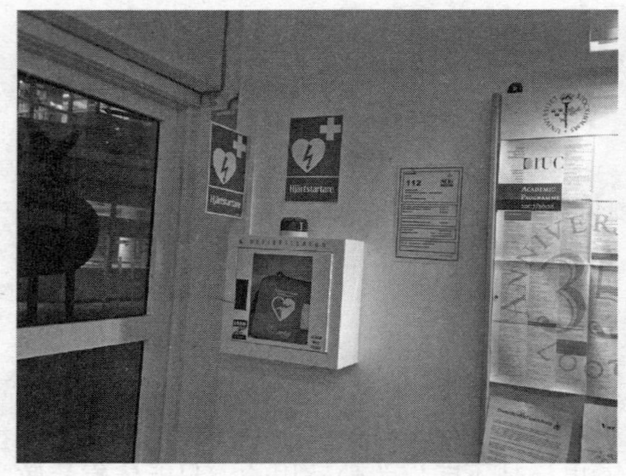

图 9-22　一体化的室内应急设施

图 9-23　弧形的水边护栏

楼梯和自动扶梯的下部易产生磕碰，阻挡装置往往是个后加的东西，缺乏设计感。图 9-24 中楼梯双层扶手的下层扶手延续成楼梯下面的安全阻挡围栏，一体化的设计，体现了设计师高完成度的工作。而面对同样的问题，图 9-25 则利用休息座椅来起到安全阻挡作用。

图 9-24　室外楼梯

图 9-25　利用休息座椅作为安全围栏

一般的雨篷都会设置排水口，一些大型的雨篷可能会设雨水管有组织地将雨水排向地面或蓄水装置，但小型的雨篷往往任雨水自由地从排水口流下，这样就可能在雨天形成一道很大的水流，如果经过的人不注意的话，容易被打湿。图 9-26 所示的设计是一些建筑常用的，即在雨水口垂下一条金属链，雨水会顺链子流向地面，金属链在视觉上容易引起注意，就避免了行人不经意被雨水弄湿的情况。

图 9-26　雨水口垂下金属链

9.3.3　卫生和健康

促进公共卫生与健康也是通用设计的重要组成部分，包括室外环境中，园林绿化及交往休息的开放空间、健身设施、儿童游戏设施等，室内环境中良好的通风、日照、照明、声音。也包括很多人性化的细节设计，如将楼梯间设计为可促进居民交往的场所，在公共走廊设休息座椅（图 9-27）、住宅中的自然晾晒处、促进健康的宠物设施等。

图 9-27　公共走廊内的休息座椅

9.4　各国通用设计的情况

9.4.1　日本

1970 年，日本 7% 的人口是 65 岁以上，到 1994 年该比例达到 14%，到 2013 年达到 25%，预期 2052 年达到 40%。随着人口的快速老龄化，在公众对通用性设计理念的接受度方面，日本是第一流的国家。

和中国一样，家庭养老是日本传统的一部分，但随着少子化及社会观念的转变，家庭养老的比重越来越少。尽管在这种趋势下，有相当长的一段时间，相关的设计需求并没有得到足够的重视，虽然建筑师往往会在大型的建筑项目中进行无障碍设计，但是基于自愿和磋商的基础，而不是日本的建筑法规的强制性要求。

1990 年，《美国残疾人法案》（ADA）的颁布，激励了日本政府计划在国家层面出台一些相关领域的法规。1993 年，通过了新的《日本残疾人法案》（Japanese with Disabilities Act），1994 年通过了《无障碍及适用性建筑法》（The Accessible and Usable Buildings Law）。新的国家级的法律为日本走向通用性的社会铺平了道路。

随后，又颁布了一系列新的法规和激励的政策，包括减免税款、贷款优惠等，日本也许是唯一的一个在国家层面使用经济激励政策的国家。日本的城市从基础设施、交通到公共建筑、住宅各个层面的相关法规逐步形成一个完善体系。在日本大部分住宅为私人所有，这是个很难解决的问题而且又非常急迫，一方面从 20 世纪 80 年代中期开始，房地产商看到了老年化社会的商机，开始推介通用性的住宅产品，这样就形成了良好的市场化的基础；另一方面，在设计领域，1992 年颁布了《老年社会住宅设计导则》（The Design Guidelines of Dwellings for the Aging Society），这个导则虽然不是强制性的，但与政府的住宅贷款激励政策相结合，形成了政策、社会、市场、技术等各个方面互动的局面。

日本的城市环境和建筑设计领域在推动通用设计的过程中，遇到了三个与其他国家有共性的难题：

（1）虽然法规明确了一些强制性的通用性要求，但使用者的实际需求是千变万化、不易确定的。

（2）需在摸索中形成工作程序。

（3）既有建筑的改造问题。

这些问题在 2002 年《无障碍及适用性建筑法》修订时取得了重大突破。首先对不同的建筑类型进行了更加明确的规定，一些通用性的设计要求成为法规中的强制性内容，而且允许地方政策制定更严格的要求。通用性设计的要求表现在六个方面：安全性、无障碍、易使用、经济性、可持续及美观。这些要求其实就是一个“好设计”的要求，代表着面向未来的建筑的价值取向。

9.4.2 挪威

挪威在 1998 ~ 2002 年间开展了名为“The planning for all”的项目。该项目由挪威的环境部负责，目标是将环境的无障碍提升至更高的通用性。主要的工作包括修订相关法规，制定说明国家政策的导则，开展相关研究，推动示范工程，支持教育项目等。在不同的地区先行启动了 20 个示范项目，主要在两个方面做工作：

（1）将通用设计纳入日常的规划工作。

（2）根据项目本身所在地区的具体情况寻找务实的解决方案。

这一阶段完成后，自2002年开始，由挪威城市与区域研究中心主持，对一些选定的区域进行通用设计的提升。这一工作力图获得更多民众的参与与支持，同时探索更加有效的工作模式和手段。2005～2008年，挪威政府提出了在主要区域的通用设计的行动计划，由环境部主持并联合政府部门将通用设计作为环境建设和改善的长久性的行动纲领提出，并纳入有效立法，指导环境建设。

至2008年，挪威在不同地理状况、不同基础条件的17个城市开展了示范，一些城市具备一定的基础，也有一些经验，而有些城市只是开始，政府向这些城市提供财政支持，通过试点工作，达到了以下的目的：

（1）引起社会的关注，寻求共识。

（2）在社区的尺度上，各个领域、不同阶层充分合作。

（3）完善了通用性的物质环境。

（4）在地方议会的组织下，和残障人士及其他弱势群体的组织开展了以目标为导向的合作。

（5）提升了规划、设计、实践等相关领域专业人士的能力。

（6）提供了一种模板，并激励其他城市开拓新的探索。

（7）为未来全国性的开展通用设计，提供了经验。

通过这两个阶段的试点工作，证明通过系统性的规划，是可以将通用设计推动到更高的高度的，同时还理出需进一步调整的国家的法律导则，另外培训和信息的采集分享也很重要。随着第二期示范在2008年结束，又开始向新的目标迈进，要制定新的城市和建筑的法令、新的反歧视和无障碍的法令。2009年一个名为“Norway universally designed by 2025”的新的政府行动计划又开始了。

9.4.3　法国

法国的第一部关于新建建筑无障碍的法律颁布于1975年，在2005年根据世界卫生组织对于“残疾”的新的定义又颁布了新的法令，其中既包括新建也包括既有的建筑，而且在目标、时间框架、范围方面和其他欧洲法律保持一致。

法国也是近20年左右开始逐步推动通用设计的理念。1998年，完成了一项由建筑师和社会学家共同完成的重要研究，提出了关于通用设计在社会推广普及面临的七个问题：

（1）以什么态度来做这个工作？会遇到什么样的人们思想上的障碍？在实施一个通用设计的项目时又怎样去克服这些障碍？

（2）可以依据的法律框架是怎样的？

（3）相关人群的团体，比如残疾人团体、老年人团体等会怎样地在规划中影响决策？

（4）在实际的决策过程中，通用设计的理念会影响到什么深度？

（5）技术体系如何选择和建立？

（6）如何保证贯彻在实践的每个环节？

（7）如何进行沟通和宣传？

这七个问题，是开始推行通用设计时必然要面对的问题，法国针对它们在近些年进行了深入的研究和实践探索。

9.4.4 德国

和其他国家一样，德国社会也面临着老龄化问题带来的全方位的影响。20世纪70年代，在德语区已经开始进行了类似通用设计的努力，例如社会设计中心（the Institute for Social Design）1975年在维也纳成立，主要的任务是通过在规划、设计等方面的明确的改变来推动人们生存条件的改善，核心是为人的真正的需求服务。这个中心主要致力于两个领域：无障碍设计及工作空间和设施的设计。社会设计的概念同时也在德国推行，而且在20世纪70年代的柏林国际设计中心中得以体现。

德国的通用设计推行得到了政府的鼓励，2008年由政府发起了名为“Age：An Economic Factor”的倡议，倡议的目标不但是提升老年人的生活品质而且同时要促进经济增长，提供就业。但市场距离这一理念的差距还是很大，老年人尽管已成为市场的重要目标客户，但它们的需求并没有得到充分的考量。

最近在柏林国际设计中心建立了一个通用设计的系统，将关于通用设计的信息、理念、技术和知识整合在一起，提供交流经验的平台，并向公众宣传通用设计是一种以人为本的设计，这个系统由设计师、研究者和公司共同领导。为了把这个项目向更多的公众推荐，2008年开始，举办了在各个城市流动的展览并配备了出版物，展览的名字叫做“通用设计：设计我们的未来”。这个展览持续到2010年年底，展览展示了50个日用产品，每个都是对使用者友好的设计(use-friendliness design)，强调了对各个年龄层的人的生活品质的关心。这个展览提示设计不但要掌握新技术，还要关心社会的发展。

德国产品的通用设计是在世界上领先的，厨房用具、家具、卫浴用具、电器等都是生活环境的重要组成部分，在卫浴用具方面又是其中更加突出的。为了激励企业去开发更加友好型的产品，德国的技术监督机构在联邦政府的支持下推出了“通用设计品质标识”（UD Quality Mark），产品经过多阶段检验达标后，才可被授予此标识。针对此标识有一个标准体系，产品除了要符合标准外，还要经过专家和使用者的评测。通用设计的标准最看重的是对于不同能力的人的实用性，再加上形式的美感、功能性、材料的品质、触感等。

在德国，通用设计被认为是增加社会凝聚力的重要力量，并且逐渐开发出巨大的市场潜力，呈现出良性发展的态势。

9.4.5 意大利

意大利的特点是拥有众多的历史和文化古迹，在保护工作中如何加入通用设计的内容是一大挑战。意大利虽然早在20世纪60年代就推出了首部无障碍法规，但只适用于一些特殊的场所，不具有普遍性。25年后，即1989年，对此法规进行修订，将无障碍建设的范围加以大大地扩展，甚至包括了改造项目。1996年，更是进一步修订，要求建筑物、开放空间和公共服务机构不得有建筑上的障碍。1997年开始对于既有建筑的无障碍改造简化了行政程序，包括安装电梯及升降平台，扩大入口和走廊的宽度，并且对于进行无障碍改造的项目给以税收优惠。

从 20 世纪 90 年代开始，政府制定新的法律，致力于增强室外公共空间的适用性、舒适性和安全性，包括人行道、广场、停车场、城市公园、自然或考古的遗址，新建、改建以及临时性的公共空间必须符合此法规的要求。

面临非常规的困难，威尼斯成效斐然。威尼斯由 420 个桥连接着 100 个岛，借助公共的水上交通以及其他有独创性的手段，实现了最大程度的无障碍游览，游客可以在旅游服务中心索取标明无障碍游览路线的地图，市中心的 70% 都在此无障碍的游览路线上。

如同其他的欧洲国家，依据 1997 年欧盟关于安全以及可持续的原则，意大利制定了自己的通用设计的原则，尤其对于城市基础设施和交通作了严格的规定，并有计划地实施，以此为开端，意大利政府开始了在全社会推广通用设计的努力，以应对未来社会的需求以及改变。

9.5 通用设计与老年建筑

1991 年联合国通过了第 46 号决议，提出了关怀老年人的生活条件和居住条件，主要包括五项原则：保证独立生活的物质及服务条件；具有安全性和促进交往的环境；居家长期生活的保障；提供保健机构；人权和基本自由。目标是促进和保持老年人生活的独立性和活力。通用设计是老年人建筑的核心设计理念，可以有力地贯彻上述原则。通用设计可以降低老年人的依赖性，自然地参与到社区的生活中去，给了他们更多的选择自己生活方式的机会。

目前主要有三种养老模式：传统的居家养老、社区养老、机构养老。

传统的居家养老模式是指：身体状况良好、生活基本能够自理的老人，仍在原来的家庭中生活，由亲属照料，或者社会性的上门服务。这种模式需要住区环境及住宅能够达到无障碍要求，包括通行、空间、建筑部件、信息设备等。近些年在我国很多老旧社区都在由政府进行无障碍改造，包括增加入口坡道、增加电梯、卫生间的改造等（图 9-28、图 9-29）。

图 9-28 老旧住宅楼的入口无障碍改造

图 9-29 住宅的户内卫生间改造

社区养老模式即建设所谓的"养老社区"或者"托老所"，集中地提供供老年人居住的住宅或者公寓，由社区提供日间照料和居家养老支持（图 9-30、图 9-31）。这个"养老社区"及相应的服务机构内都要严格地按照无障碍的要求去建设。

图 9-30 美国的养老社区 1

图 9-31 美国的养老社区 2

机构养老即老年养护机构来提供专门的养老服务，机构的设施应包括以下方面：

（1）满足老年人的日常生活的需求，包括起居及必要的室、内外活动。这就要求养老机构的环境及设施均应符合无障碍建设的要求。

（2）具备康复、护理及基本的应急处理的医疗条件。

养老设施还可以利用自身的资源，为社区或居家养老提供服务。养老机构除了满足一般性的无障碍建设的要求，还要根据老年人集中生活的特点来提供更有针对性的人性化设计，比如环境的声、光、温度、色彩、通风等。

老年人随着生理的衰退，心理上也容易产生孤独感和失落感，所以老年建筑的设计要考虑到以下几个老年人的身心特点：

图 9-32 老年建筑公共空间内的休息处

（1）体力衰退或者因病造成的残疾，要设置无障碍坡道、扶手等无障碍设施，还要在公共空间多提供老年人能够稍事休息的场所（图 9-32）。为了防止环境伤害，在室内外环境的材料、构造处理、尺寸等方面都要特别去注意（图 9-33）。门等建筑部件要考虑省力与易于操作，比如使用推拉门（图 9-34）。针对老年人行动迟缓及动作不准确，空间上要留有足够的回旋余地，如户门前的凹形空间等（图 9-35）。

图 9-33　老年建筑阳台栏杆处理

图 9-34　老年建筑通向阳台的推拉门

（2）感知能力的衰退，包括视力、听力及相应的反应能力，这就需要一些特殊的设计处理，比如门和墙体有一定的色差（图 9-36）、避免使用反光材料、标识醒目（图 9-37）等。

（3）随着年纪的增加，老年人的记忆力、理解力等智力方面也有所衰退，所以他们的生活环境要营造得简单明了（图 9-38），设施要易于掌握。

（4）老年人的心理问题，一方面需要来自人群的关心关照，另一方面环境所呈现的气氛和场所感也很重要。室内的气氛宜宁静、典雅（图 9-39），绿色的植物能够柔化硬质冰冷的空间（图 9-40）。

图 9-35　老年建筑的户前凹空间

图 9-36　老年建筑的户门

图 9-37　醒目的标识

图 9-38　老年建筑中的公共活动室

图 9-39　老年人居住建筑室内

图 9-40　外部通廊中的绿植

9.6 规范对比分析

附录1的对比分析为中国现有关于居住的设计规范中和通用设计有关的内容的对比分析，但并不是所有的内容，而是选取一部分内容，说明现在我国通用设计的内容在不同的规范中已经有所体现，但因为各自针对的对象不同，会有差异，而现在的建筑很难做到绝对的区分，比如说一个住宅，很难区分为普通人住宅、残疾人住宅和老年人住宅，所以需要在通则性的规范中适度统一反映通用设计的原则内容。

附录2是将海峡两岸的无障碍的规范性文件中，关于无障碍设施实施范围的一个比较。通过对比可以看出，大陆地区在避难层的设置方面还是空白，“建筑物适用范围”的分类采取中国台湾地区的标准套用，但实际上大陆地区在无障碍方面还没有这么详细具体的建筑分类。

附录1：中国现有关于居住的设计规范中和通用设计有关的部分内容的对比分析

1. 有关居室的面积

1）《住宅设计规范》（GB 50096—2011）的要求

5.2.1 条规定：单人卧室不应小于 $5m^2$；双人卧室不应小于 $9m^2$；兼起居的卧室不应小于 $12m^2$。

5.2.2 条规定：起居室（厅）的使用面积不应小于 $10m^2$。

2）《无障碍设计规范》（GB 50763—2012）的要求

3.12.4 条规定：单人卧室面积不应小于 $7m^2$，双人卧室面积不应小于 $10.5m^2$，兼起居室的卧室面积不应小于 $16m^2$，起居室面积不应小于 $14m^2$。

3）《老年人居住建筑设计标准》（GB/T 50340—2003）的要求

4.1.3 条规定：

（1）老年住宅、老年公寓起居室不应小于 $12m^2$。

（2）老年住宅、老年公寓卧室标准双人卧室不应小于 $12m^2$，单人卧室不应小于 $10m^2$。

4.1.4 条规定：老人院居室单人间最低面积标准 $10m^2$，双人间最低面积标准 $16m^2$，三人以上最低面积标准为每人 $6m^2$。

4）《老年人建筑设计规范》（JGJ 122—1999）的要求

4.5.2 条规定：老年住宅、老年公寓、家庭型老人院的起居室使用面积不宜小于 $14m^2$，卧室使用面积不宜小于 $10m^2$。

4.5.3 条规定：老人院、老人疗养室、老人病房等合居型居室，每室不宜超过三人，每人使用面积不应小于 $6m^2$。

5）对比分析

(1)《住宅设计规范》是针对单人卧室、双人卧室、兼起居的卧室和起居室的最低要求。

(2)《无障碍设计规范》考虑到使用轮椅者的需求，这几个居室的面积比《住宅设计规范》相应有所增加。

(3)《老年人居住建筑设计标准》同样分为两类，一类是老年住宅、老年公寓，一类是老人院。第一类中起居室面积比《无障碍设计规范》和《老年人建筑设计规范》规定的低；卧室区别单人间和双人间提出了最低要求，比《无障碍设计规范》要求高，与《老年人建筑设计规范》的规定不矛盾。第二类中对养老院房间的人数进行区分，与《老年人建筑设计规范》的规定不矛盾。

(4)《老年人建筑设计规范》分为两类，一类是老年住宅、老年公寓、家庭型老人院等独居型，一类是老人院、老人疗养室、老人病房等合居型。独居型的起居室面积与《无障碍设计规范》的要求相同，比《老年人居住建筑设计标准》的要求高；卧室的面积没有区分单人和双人提出了最低要求，与《老年人居住建筑设计标准》一致。合居型没有对房间的人数进行区别，只提出人均 $6m^2$ 的最低要求。

2. 有关厨房面积

1)《住宅设计规范》(GB 50096—2011)的要求

5.3.1 条规定：

(1) 由卧室、起居室（厅）、厨房和卫生间等组成的住宅套型的厨房使用面积，不应小于 $4.0m^2$。

(2) 由兼起居的卧室、厨房和卫生间等组成的住宅最小套型的厨房使用面积，不应小于 $3.5m^2$。

2)《无障碍设计规范》(GB 50763—2012)的要求

3.12.4 条规定：厨房面积不应小于 $6m^2$。

3)《老年人居住建筑设计标准》(GB/T 50340—2003)的要求

4.1.3 条规定：老年住宅、老年公寓厨房最低面积标准 $4.5m^2$。

4)《老年人建筑设计规范》(JGJ 122—1999)的要求

4.6.2 条规定：供老年人自行操作和轮椅进出的独用厨房，使用面积不宜小于 $6m^2$。

4.6.3 条规定：老人院公用小厨房应分层或分组设置，每间使用面积宜为 $6 \sim 8m^2$。

5) 对比分析

《住宅设计规范》要求最低。《老年人居住建筑设计标准》规定的面积居中。《无障碍设计规范》与《老年人建筑设计规范》的规定一致，也是最高。

3. 有关卫生间面积

1)《住宅设计规范》(GB 50096—2011)的要求

5.4.1 条规定：每套住宅应设卫生间，应至少配置便器、洗浴器、洗面器三件卫生设备或为其预留设置位置及条件。三件卫生设备集中配置的卫生间的使用面积不应小于 $2.5m^2$。

2）《无障碍设计规范》（GB 50763—2012）的要求

3.12.4 条规定：设坐便器、洗浴器（浴盆或淋浴）、洗面盆三件卫生洁具的卫生间面积不应小于 $4m^2$；设坐便器、洗浴器两件卫生洁具的卫生间面积不应小于 $3m^2$；设坐便器、洗面盆两件卫生洁具的卫生间面积不应小于 $2.5m^2$；单设坐便器的为 $2m^2$。

3）《老年人居住建筑设计标准》（GB/T 50340—2003）的要求

4.1.3 条规定：老年住宅、老年公寓卫生间最低面积标准 $4m^2$。

4.1.4 条规定：老人院卫生间，单人间最低面积标准 $4m^2$，双人间最低面积标准 $5m^2$，三人以上最低面积标准 $5m^2$。

4）《老年人建筑设计规范》（JGJ 122—1999）的要求

4.7.1 条规定：老年住宅、老年公寓、老人院应设紧邻卧室的独用卫生间，配置三件卫生洁具，其面积不宜小于 $5m^2$。

5）对比分析

《住宅设计规范》要求最低。《老年人居住建筑设计标准》与《无障碍设计规范》三件卫生洁具的卫生间的面积一致，居中。《老年人建筑设计规范》要求最高。

4. 室外台阶、踏步和坡道

1）《住宅设计规范》（GB 50096—2011）的要求

6.1.4 条规定：公共出入口台阶踏步宽度不宜小于 0.3m，踏步高度不宜大于 0.15m，并不宜小于 0.1m，踏步高度应均匀一致，并应采取防滑措施。台阶踏步数不应少于 2 级，当高差不足 2 级时，应按坡道设置；台阶宽度大于 1.8m 时，两侧宜设置栏杆扶手，高度应为 0.9m。

2）《无障碍设计规范》（GB 50763—2012）的要求

3.6.2 条规定：台阶的无障碍设计应符合下列规定：

（1）公共建筑的室内外台阶踏步宽度不宜小于 300mm，踏步高度不宜大于 150mm，并不应小于 100mm。

（2）踏步应防滑。

（3）三级及三级以上的台阶应在两侧设置扶手。

（4）台阶上行及下行的第一阶宜在颜色或材质上与其他阶有明显区别。

3.4.1 条规定：轮椅坡道宜设计成直线形、直角形或折返形。

3.4.2 条规定：轮椅坡道的净宽度不应小于 1m，无障碍出入口的轮椅坡道净宽度不应小于 1.2m。

3.4.3 条规定：轮椅坡道的高度超过 300mm 且坡度大于 1：20 时，应在两侧设置扶手，坡道与休息平台的扶手应保持连贯，扶手应符合本规范第 3.8 节的相关规定。

3.4.4 条规定：轮椅坡道的最大高度和水平长度应符合表 3.4.4 的规定。

轮椅坡道的最大高度和水平长度　表3.4.4

坡度	1∶20	1∶16	1∶12	1∶10	1∶8
最大高度（m）	1.2	0.9	0.75	0.6	0.3
水平长度（m）	24	14.4	9	6	2.4

注：其他坡度可用插入法进行计算。

3.4.5 条规定：轮椅坡道的坡面应平整、防滑、无反光。

3.4.6 条规定：轮椅坡道起点、终点和中间休息平台的水平长度不应小于 1.5m。

3.4.7 条规定：轮椅坡道临空侧应设置安全阻挡措施。

3.4.8 条规定：轮椅坡道应设无障碍标志，无障碍标志应符合本规范第 3.16 节的有关规定。

3）《老年人居住建筑设计标准》（GB/T 50340—2003）的要求

3.6.1 条规定：步行道路有高差处、入口与室外地面有高差处应设置坡道。室外坡道的坡度不应大于 1/12，每上升 0.75m 或长度超过 9m 时应设平台，平台的深度不应小于 1.5m 并应设连续扶手。

3.6.2 条规定：台阶的踏步宽度不宜小于 0.3m，踏步高度不宜大于 0.15m。台阶的有效宽度不应小于 0.9m，并宜在两侧设置连续的扶手；台阶的宽度在 3m 以上时，应在中间加设扶手。在台阶转换处设明显标志。

3.6.3 条规定：独立设置的坡道的有效宽度不应小于 1.5m；坡道和台阶并用时，坡道的有效宽度不应小于 0.9m。坡道的起止点应有不小于 1.5m × 1.5m 的轮椅回转面积。

3.6.4 条规定：坡道两侧至建筑物的主要出入口宜安装连续的扶手。坡道两侧应设护栏或护墙。

3.6.5 条规定：扶手高度应为 0.9m，设置双层扶手时下层扶手高度应宜为 0.65m。坡道起止点的扶手端部宜水平延伸 0.3m 以上。

3.6.6 条规定：台阶、踏步和坡道应选用防滑、平整的铺装材料，不应出现积水。

3.6.7 条规定：坡道设置排水沟时，水沟盖不应妨碍通行轮椅和使用拐杖。

4）《老年人建筑设计规范》（JGJ 122—1999）的要求

4.2.4 条规定：缓坡台阶踏步踢面高不宜大于 120mm，踏面宽不宜小于 380mm，坡道坡度不宜大于 1/12。台阶与坡道两侧应设栏杆扶手。

4.2.5 条规定：当室内外高差较大、设坡道有困难时，出入口前可设升降平台。

4.2.6 条规定：出入口平台、台阶踏步和坡道应选用坚固、耐磨、防滑的材料。

5）对比分析

（1）台阶踏步的要求：《住宅设计规范》、《无障碍设计规范》、《老年人居住建筑设计标准》的要求一致，“台阶踏步宽度均为不宜小于 300mm，踏步高度不宜大于 150mm”。《老年人建筑设计规范》要求略高，“缓坡台阶踏步踢面高不宜大于120mm，踏面宽不宜小于380mm”。

（2）台阶的铺装要求：要求基本一致，表述上略有不同。《住宅设计规范》要求“采取防滑措施”；《无障碍设计规范》要求“踏步应防滑”；《老年人建筑设计规范》“台阶踏步和坡道应选用坚固、耐磨、防滑的材料”；《老年人居住建筑设计标准》要求“台阶、踏步和坡道应选用防滑、平整的铺装材料，不应出现积水”。

（3）台阶扶手的要求：《住宅设计规范》要求“台阶宽度大于1.8m时，两侧宜设置栏杆扶手，高度应为0.9m”。《无障碍设计规范》要求“三级及三级以上的台阶应在两侧设置扶手”。《老年人建筑设计规范》要求“台阶与坡道两侧应设栏杆扶手”。《老年人居住建筑设计标准》要求“台阶的有效宽度不应小于0.9m，并宜在两侧设置连续的扶手；台阶的宽度在3m以上时，应在中间加设扶手”。

（4）坡道的坡度要求：《住宅设计规范》和《无障碍设计规范》要求比较灵活，可根据室内外高差的不同选择不同的坡度；《老年人建筑设计规范》要求坡道坡度不宜大于1/12；《老年人居住建筑设计标准》要求室外坡道的坡度不应大于1/12，每上升0.75m或长度超过9m时应设平台，平台的深度不应小于1.5m。

5. 出入口

1）《住宅设计规范》（GB 50096—2011）的要求

6.2.2条规定：

（1）建筑入口设台阶时，应同时设置轮椅坡道和扶手。

（2）坡道的坡度应符合表6.6.2的规定。

（3）供轮椅通行的门净宽不应小于0.8m。

（4）供轮椅通行的推拉门和平开门，在门把手一侧的墙面，应留有不小于0.5m的墙面宽度。

（5）供轮椅通行的门扇，应安装视线观察玻璃、横执把手和关门拉手，在门扇的下方应安装高0.35m的护门板。

（6）门槛高度及门内外地面高差不应大于0.15m，并应以斜坡过渡。

2）《无障碍设计规范》（GB 50763—2012）的要求

7.4.2条规定：设置电梯的居住建筑应至少设置1处无障碍出入口。

8.1.3条规定：公共建筑的主要出入口宜设置坡度小于1 ∶ 30的平坡出入口。

3.3.1条规定：无障碍出入口包括以下几种类别：

（1）平坡出入口。

（2）同时设置台阶和轮椅坡道的出入口。

（3）同时设置台阶和升降平台的出入口。

3.3.2条规定：

（1）出入口的地面应平整、防滑。

（2）室外地面滤水箅子孔的宽度不应大于 15mm。

（3）同时设置台阶和升降平台的出入口宜只应用于场地限制无法做坡道的改造工程，并应符合本规范第 3.7.3 条的有关规定。

（4）除平坡出入口外，在门完全开启的状态下，建筑物无障碍出入口的平台的净深度不应小于 1.5m。

（5）建筑物无障碍出入口的门厅、过厅如设置两道门，门扇同时开启时两道门的间距不应小于 1.5m。

（6）建筑物无障碍出入口的上方应设置雨篷。

3.3.3 条规定：无障碍出入口的坡道及平坡的坡度应符合下列规定：

（1）平坡出入口的地面坡度不应大于 1 ∶ 20，当场地条件比较好时，不宜大于 1∶30。

（2）同时设置台阶和坡道的出入口，坡道的坡度应符合本规范第 3.4 节的有关规定。

3）《老年人居住建筑设计标准》（GB/T 50340—2003）的要求

4.2.1 条规定：出入口有效宽度不应小于 1.1m，门扇开启端的墙垛净尺寸不应小于 0.5m。

4.2.2 条规定：出入口内外应有不小于 1.5m × 1.5m 的轮椅回转面积。

4.2.3 条规定：建筑物无障碍出入口的上方应设置雨篷，雨篷的出挑长度宜超过台阶首级踏步 0.5m 以上。

4.2.4 条规定：出入口的门宜采用自动门或推拉门；设置平开门时，应设闭门器。不应采用旋转门。

4.2.5 条规定：出入口宜设交往休息空间，并设置通往各功能空间及设施的标识指示牌。

4.2.6 条规定：安全监控设备终端和呼叫按钮宜设在大门附近，呼叫按钮距地面高度为 1.1m。

4）《老年人建筑设计规范》（JGJ 122—1999）的要求

4.2.1 条规定：老年人居住建筑出入口，宜采取阳面开门。出入口内外应留有不小于 1.5m × 1.5m 的轮椅回旋面积。

4.2.2 条规定：老年人居住建筑出入口造型设计，应标志鲜明，易于辨认。

4.2.3 条规定：老年人建筑出入口门前平台与室外地面高差不宜大于 0.4m，并应采用缓坡台阶和坡道过渡。

4.2.5 条规定：当室内外高差较大、设坡道有困难时，出入口前可设升降平台。

4.2.6 条规定：出入口顶部应设雨篷；出入口平台、台阶踏步和坡道应选用坚固、耐磨、防滑的材料。

5）对比分析

（1）出入口设置台阶或坡道的要求：《无障碍设计规范》要求“养老福利建筑建筑物首层主要出入口应为无障碍出入口，宜设置为平坡出入口”；《住宅设计规范》没有对于形式作规定，只要求“建筑入口设台阶时，应同时设置轮椅坡道和扶手”和“门槛高度及门内外地面高差不应大于 0.15m，并应以斜坡过渡”；《老年人建筑设计规范》

要求“老年人居住建筑出入口造型设计，应标志鲜明，易于辨认”、“老年人建筑出入口门前平台与室外地面高差不宜大于 0.4m，并应采用缓坡台阶和坡道过渡”和“当室内外高差较大、设坡道有困难时，出入口前可设升降平台”;《老年人居住建筑设计标准》没有相应规定。

(2) 出入口平台的要求:《无障碍设计规范》要求“除平坡出入口外，在门完全开启的状态下，建筑物无障碍出入口的平台的净深度不应小于 1.5m”;《老年人建筑设计规范》要求“出入口内外应留有不小于 1.5m × 1.5m 的轮椅回旋面积”;《老年人居住建筑设计标准》要求“出入口内外应有不小于 1.5m × 1.5m 的轮椅回转面积”;《住宅设计规范》没有相关规定。

(3) 门的要求:《无障碍设计规范》要求符合无障碍门的规定“不应采用力度大的弹簧门并不宜采用弹簧门、玻璃门；当采用玻璃门时，应有醒目的提示标志；自动门开启后通行净宽度不应小于 1m；平开门、推拉门、折叠门开启后的通行净宽度不应小于 800mm，有条件时，不宜小于 900mm；在门扇内外应留有直径不小于 1.5m 的轮椅回转空间；在单扇平开门、推拉门、折叠门的门把手一侧的墙面，应设宽度不小于 400mm 的墙面；平开门、推拉门、折叠门的门扇应设距地 900mm 的把手，宜设视线观察玻璃，并宜在距地 350mm 范围内安装护门板；门槛高度及门内外地面高差不应大于 15mm，并以斜面过渡；宜与周围墙面有一定的色彩反差，方便识别”;《老年人建筑设计规范》“老年人居住建筑出入口，宜采取阳面开门”;《老年人居住建筑设计标准》要求“出入口有效宽度不应小于 1.1m；门扇开启端的墙垛净尺寸不应小于 0.5m”，“出入口的门宜采用自动门或推拉门；设置平开门时，应设闭门器。不应采用旋转门”;《住宅设计规范》要求“供轮椅通行的门净宽不应小于 0.8m；供轮椅通行的推拉门和平开门，在门把手一侧的墙面，应留有不小于 0.5m 的墙面宽度；供轮椅通行的门扇，应安装视线观察玻璃、横执把手和关门拉手，在门扇的下方应安装高 0.35m 的护门板；门槛高度及门内外地面高差不应大于 0.15m，并应以斜坡过渡”。

(4) 雨篷设置的要求:《无障碍设计规范》要求“建筑物无障碍出入口的上方应设置雨篷”;《老年人建筑设计规范》要求“出入口顶部应设雨篷”;《老年人居住建筑设计标准》要求“建筑物无障碍出入口的上方应设置雨篷，雨篷的出挑长度宜超过台阶首级踏步 0.5m 以上”;《住宅设计规范》没有相关要求。

附录 2：海峡两岸无障碍设计范围对比

中国台湾地区《建筑技术规则》与《无障碍设计规范》(GB 50763—2012) 中建筑物设置无障碍设施的种类及适用范围对照表[①]

① 参照中国台湾地区《建筑物无障碍设施设计规范解说手册》(2010 年),《无障碍设计规范》(GB 50763—2012) 编制。

建筑物使用类组		建筑物适用范围（无障碍设施）		室外通路	避难层坡道及扶手	避难层出入口	室内出入口	室内通路走廊	楼梯	升降设备	厕所盥洗室	浴室	轮椅观众席位	停车空间	备注
A类	公共集会类	A-1	1. 戏（剧）院、电影院、演艺场、歌厅、观览场。	√	√	√	√	√	○	√	√	×	√	√	中国台湾
			2. 观众席面积在 200m² 以上的：音乐厅、文康中心、社教馆、集会堂（场）、社区（村里）活动中心	√	×	×	√	√	√	√	√	×	√	√	中国大陆
			3. 观众席面积在 200m² 以上之下列场所：体育馆（场）及设施	√	√	√	√	√	○	√	√	√	√	√	中国台湾
				√	×	×	√	√	√	√	√	×	√	√	中国大陆
		A-2	1. 车站（公路、铁路、大众捷运）。 2. 候船室、水运客站。 3. 航空站、飞机场大厦	√	√	√	√	√	√	√	√	×	×	√	中国台湾
				√	×	×	√	√	√	√	√	√	×	√	中国大陆
B类	商业类	B-2	百货公司（百货商场）商场、市场（超级市场、零售市场、摊贩集中场）、展览场（馆）、量贩店	√	√	√	√	√	○	√	√	×	×	√	中国台湾
				√	×	×	√	√	√	√	√	×	×	√	中国大陆
		B-4	国际观光旅馆（饭店）	√	√	√	√	√	○	√	√	√	×	√	中国台湾
				√	×	×	√	√	√	√	√	○	×	√	中国大陆
D类	休闲、文教类	D-1	室内游泳池	√	√	√	√	√	○	√	√	√	√	√	中国台湾
				√	×	×	√	√	√	√	√	√	√	√	中国大陆
		D-2	1. 会议厅、展示厅、博物馆、美术馆、图书馆、水族馆、科学馆、陈列馆、资料馆、历史文物馆、天文台、艺术馆。	√	√	√	√	√	√	√	√	×	×	√	中国台湾
			2. 观众席面积未达 200m² 之下列场所：音乐厅、文康中心、社教馆、集会堂（场）、社区（村里）活动中心	√	×	×	√	√	√	√	√	×	√	√	中国大陆
			3. 观众席面积未达 200m² 之下列场所：体育馆（场）及设施	√	√	√	√	√	○	√	√	√	√	√	中国台湾
				√	×	×	√	√	√	√	√	○	√	√	中国大陆
		D-3	小学教室、教学大楼、相关教学场所	√	√	√	√	√	√	√	√	×	√	√	中国台湾
				√	×	×	√	○	√	√	√	×	×	√	中国大陆
		D-4	“国中”、高中（职）、专科学校、学院、大学等之教室、教学大楼、相关教学场所	√	√	√	√	√	√	√	√	×	√	√	中国台湾
				√	×	×	√	○	√	√	√	×	○	√	中国大陆
		D-5	楼地板面积在 500m² 以上之下列场所：补习（训练）班，课后托育中心	√	√	√	√	○	○	√	○	×	×	○	中国台湾
				√	×	×	√	○	√	√	√	×	○	√	中国大陆
E类	宗教、殡葬类	E	1. 楼地板面积在 500m² 以上之寺（寺院）、庙（庙宇）、教堂。 2. 楼地板面积在 500m² 以上之殡仪馆	√	√	√	√	√	√	√	√	×	√	√	中国台湾
				√	×	×	√	√	√	√	√	×	√	√	中国大陆

续表

建筑物使用类组		建筑物适用范围 \ 无障碍设施		室外通路	避难层坡道及扶手	避难层出入口	室内出入口	室内通路走廊	楼梯	升降设备	厕所盥洗室	浴室	轮椅观众席位	停车空间	备注
F类	卫生、福利、更生类	F-1	1. 设有十床病床以上之下列场所：医院、疗养院。 2. 楼地板面积在500m²以上之下列场所：护理之家、属于老人福利机构之长期照护机构	√	√	√	√	√	√	√	√	√	×	√	中国台湾
				√	×	×	√	√	√	√	√	√	×	√	中国大陆
		F-2	1. 身心障碍者福利机构、身心障碍者教养机构（院）、身心障碍者职业训练机构。 2. 特殊教育学校	√	√	√	√	√	√	√	√	√	×	√	中国台湾
				√	×	×	√	√	√	√	√	√	×	√	中国大陆
		F-3	1. 楼地板面积在500m²以上之下列场所：幼稚园、托儿所、儿童及少年福利机构。 2. 发展迟缓儿童早期教育中心	√	√	√	√	√	√	√	√	○	×	√	中国台湾
				√	×	×	√	√	√	√	√	√	×	√	中国大陆
G类	办公、服务类	G-1	含营养厅之下列场所：金融机构、证券交易场所、金融保险机构、合作社、银行、邮政、电信、自来水及电力等公用事业机构之营业场所	√	√	√	√	√	√	√	√	×	×	√	中国台湾
				√	×	×	√	√	√	√	√	×	○	√	中国大陆
		G-2	1. 邮政、电信、自来水及电力等公用事业机构之办公室。 2. 政府机关（公务机关）。 3. 身心障碍者就业服务机构	√	√	√	√	√	√	√	√	×	×	√	中国台湾
				√	×	×	√	√	√	√	√	×	○	√	中国大陆
		G-3	1. 卫生所。 2. 设置病床未达十床之下列场所：医院、疗养院	√	√	√	√	√	√	√	√	×	×	√	中国台湾
				√	×	×	√	√	√	√	√	○	×	√	中国大陆
			公共厕所	√	√	√	√	√	○	√	√	×	×	×	中国台湾
				√	×	×	√	×	×	×	√	×	×	×	中国大陆
			便利商店	√	√	√	√	○	○	○	×	×	×	×	中国台湾
				√	×	×	√	○	√	√	√	×	×	×	中国大陆
H类	住宿类	H-1	1. 楼地板面积未达500m²之下列场所：护理之家、属于老人福利机构之长期照护机构。 2. 老人福利机构之场所：养护机构、安养机构、文康机构、服务机构	√	√	√	√	√	√	√	√	√	×	√	中国台湾
				√	×	×	√	√	√	√	√	√	×	√	中国大陆
		H-2	1. 六层以上之集合住宅	√	√	√	○	○	○	√	○	×	×	×	中国台湾
				√	×	×	√	√	√	√	○	×	×	√	中国大陆
			2. 五层以下且五十户以上之集合住宅	√	√	√	○	○	○	○	○	×	×	×	中国台湾
				√	×	×	√	√	√	√	○	×	×	√	中国大陆

注：1. “√”指必须设置一处。
2. “○”指视实际需要由业主和设计师掌握。
3. “×”指没有要求或者该类型建筑一般不涉及的部位。
4. 此表建筑分类以中国台湾地区分类为依据。

10 国内外无障碍建设实录

10.1 国内无障碍建设

国内城区及建筑的无障碍改造已经进行了十几年了，被改造的建筑都有这样那样的现实问题，有些问题是无法照搬标准的方式解决的，但大多实施部门能积极想办法，因地制宜，充分发挥了创造性。令人欣慰的是，近几年新建成的建筑在无障碍设施方面就比较完善，这反映了社会的进步，而且很多细节已考虑得很人性化。

笔者走访了一些经过无障碍改造的单位和住宅，基本上都和使用者或其家属进行了沟通。他们均表达这项工作极大地改善了他们的生活状况。比如经过无障碍改造的清真寺的负责人就说，“这样那些不方便的人也出来做礼拜了”。住宅里的残障人士有的多年没有洗澡，经过改造后终于日常的个人清洁也方便了。有的轻微残障人士甚至通过改造可以在家里做饭了，他们的生活品质得到了很大的提升。

改造工作中还有一些细节问题，可以总结经验教训以利于下一步工作更完善，比如较常见的如图 10-1 所示的住宅入口处的几步台阶，现实情况无法设置坡道，但是不是可以设置靠墙栏杆？再比如有的入口坡道用礓礤面层，就不合适，出发点非常好，雨雪天防滑，但使用中容易磕绊。可以选择一些粗糙面层以达到此目的。还有解决卫生间地面的高差，现在没有什么更好的办法，有空间的地方可做一个活动的简易坡道。

图 10-1 老旧住宅的入口台阶

在参与了一些无障碍改造的工作后，笔者作为建筑师也很受激励和启发。无障碍工作绝不只是我们在图纸上按照规范、标准僵化地去画上那些东西。我们在设计中要不时地自问我们是不是真的设身处地地去考虑残障人士的生活，把被动教条的工作转化为创造性的工作。这样我们的设计才能更靠近“人性化”的理想。

笔者多年前便参与了北京市的无障碍城市建设工作，北京市是在全国能够起到表率作用的城市，在近 30 年中北京市的无障碍建设经历了四个阶段：

(1) 起步阶段（1985 ~ 1993 年）。该阶段由 1985 年对王府井等中心区的四条街道的无障碍改造开始，1991 年修建了北京的第一条盲道，1993 年政府颁布了《关于执行〈方便残疾人使用的城市和建筑物设计规范〉的通知》，要求全市范围内严格执行规范，北京市的无障碍建设进入正轨。

（2）实践阶段（1993 ~ 2005 年）。1997 年，与联合国亚太经社会合作，完成了方庄 1.47km^2 居住区的无障碍改造；1998 年，由北京市规划管理部门出台了《方便残疾人使用的城市和建筑物设计规范》的实施细则；2000 年北京市的政府主管部门针对北京的城市管理具体条件和情况发布了《北京市无障碍设施建设管理规定》，为北京市的无障碍建设提供了重要的指导性文件；2001 年，针对新修订的规范，北京市也相应修订了自己的技术标准；从 2002 年开始，无障碍设计的内容被纳入施工图强制性审查；2005 年，北京市被评为中国首批“全国无障碍设施建设示范城”。

（3）系统化完善化阶段（2005 ~ 2008 年），这个阶段以 2008 年的北京奥运会为契机，无障碍设施的建设和改造纳入了奥运会前的重点工作，经过了奥运会和残奥会，北京已经成为拥有比较系统而完善的无障碍环境的城市。

（4）深化阶段（2008 年至今），北京市政府对既有的无障碍设施建设和改造工作联席会议制度进行了完善，并给予了制度化的保障，保证了无障碍建设的长效性。

以下结合实例，介绍北京市的无障碍城市建设情况，其中有宝贵的经验，也有遗憾之处，要说明，这些实例都是开始 6 ~ 7 年间积累的，北京市的无障碍建设正在不断地完善，实例中提到的问题很多已经得到修正。

10.1.1 城区宗教场所改造

笔者考察了一个清真寺和一个基督教堂，前者为无障碍改造，后者为新建建筑，均结合现实情况设置了无障碍设施，主要是坡道和扶手，也设置了供残障人士使用的卫生间。总体完成情况良好，能基本满足无障碍的要求。

1. 一座无障碍改造的清真寺

清真寺的主入口设置了坡道（图 10-2），但由于宗教建筑的空间形制要求、现实情况，无法满足由主入口一直到礼拜堂都能无障碍通行，实施单位就设置了一个辅助入口（图 10-3），由坡道直接引向礼拜堂，满足了残障人士进行宗教活动的需求，而且在靠近此入口处设置无障碍卫生间（图 10-4），位置合理。

图 10-2 清真寺主入口

2. 充分考虑无障碍要求的新建基督教堂

基督教堂不但在入口处设置了轮椅坡道（图 10-5），而且在礼拜堂中也设置了周围的坡道，坡道不再是附属的、视觉上看似累赘的东西，而是有效地参与了空间。无障碍卫生间还考虑了老夫妇的使用，非常细致（图 10-6）。

图 10-3 辅助入口的坡道

图 10-4 辅助入口旁的无障碍卫生间

图 10-5 教堂入口处坡道

图 10-6 教堂内的无障碍卫生间

10.1.2 城区老旧住宅改造

现在城区中面临改造的住宅，很多基础条件比较差，建造年代比较久远，当时的设计没有考虑无障碍设施，特点是空间狭小、卫生间局促，而且多数卫生间地面均比居室地面高，给无障碍改造带来很大的难度。对于住宅，无障碍设施的设置是要支持残障人士在家中的活动和一些基本的生活内容比如如厕、清洁，而且要能鼓励他们更多地去做一些力所能及的家庭事务，比如做饭、简单的室内清洁。同时，由于是针对性的改造，还要针对特定居住者的情况，满足其个性化的要求。从笔者参与或考察的情况看，实施单位尽了很大的努力，也想了很多办法。比如有一个家庭就根据使用者要求设置了适合高度的横杆及拉手，这在标准中是没有的，但使用者非常满意，因为非常适合她的生活的需要（图 10-7、图 10-8）。

图 10-7　残疾人家庭户内安装扶手 1

图 10-8　残疾人家庭户内安装扶手 2

10.1.3　商场无障碍改造

在 2008 年奥运前，笔者曾经听取过由北京市商业局介绍的“商业无障碍设施改造工作”。并现场考察了翠微大厦、当代商城、中粮广场的无障碍设施情况。

1. 翠微大厦

入口设置无障碍坡道，坡度适宜，使用便利（图 10-9）。商场室内局部地面有高差，轮椅使用不是很便利（图 10-10）。无障碍标识系统清晰完整（图 10-11 ～图 10-13）。无性别的无障碍卫生间基本满足要求(图 10-14、图 10-15)。但洗手盆下部乘轮椅者腿无法深入，影响使用的舒适性（图 10-16）。设置了低位收银台，但台面下部乘轮椅者腿无法深入（图 10-17）。无障碍电梯设置了低位按钮，按钮上有盲文（图 10-18）。自动旋转门上设有自动调节速度的按钮，以利于轮椅通行（图 10-19）。室外及地下车库设置无障碍停车位。据介绍图 10-20 所示为残障人士使用的摩托车车位，但标识容易和无障碍机动车停车位混淆。入口处低位总服务台除了台面细节问题外，在使用时和入口交通冲突（图 10-21）。

图 10-9　翠微大厦入口坡道

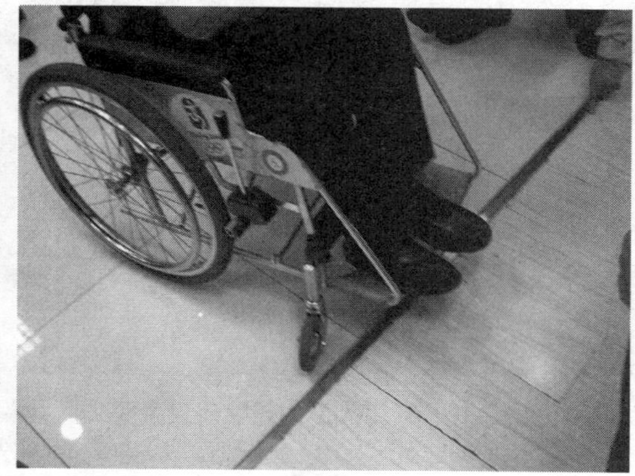

图 10-10　局部地面高差

图 10-11　翠微大厦室内标识

图 10-12　翠微大厦无障碍收银台标识

图 10-13　翠微大厦室内无障碍卫生间标识

图 10-14　翠微大厦的无障碍卫生间 1

图 10-15　翠微大厦的无障碍卫生间 2

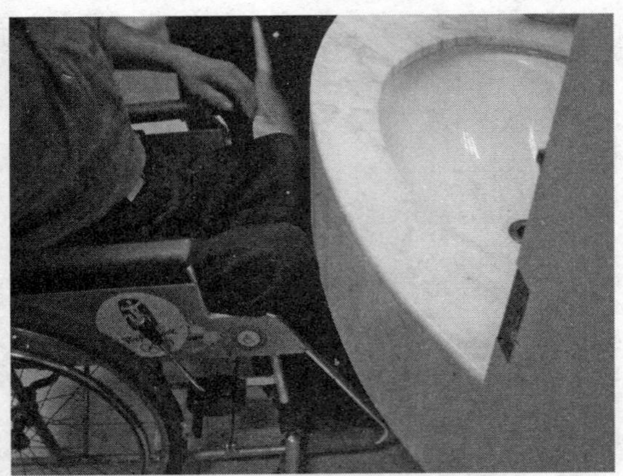

图 10-16　洗手盆下部腿无法深入

图 10-17　翠微大厦的低位收银台

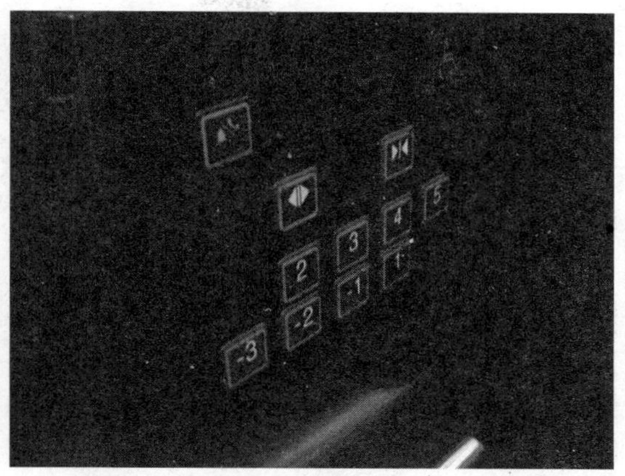

图 10-18　翠微大厦的无障碍电梯的低位按钮

图 10-19　翠微大厦的自动旋转门上设有自动调节速度的按钮

图 10-20　翠微大厦的残障人士使用的摩托车车位

图 10-21　翠微大厦的入口处低位总服务台

2. 当代商城

室外停车场设无障碍停车位（图 10-22）。设置了低位服务台、收银台，但台面下部乘轮椅者腿无法深入，影响使用的舒适性(图 10-23、图 10-24)。无障碍电梯及卫生间标识清晰，内部功能基本合理（图 10-25、图 10-26）。

图 10-22　当代商城的无障碍停车位

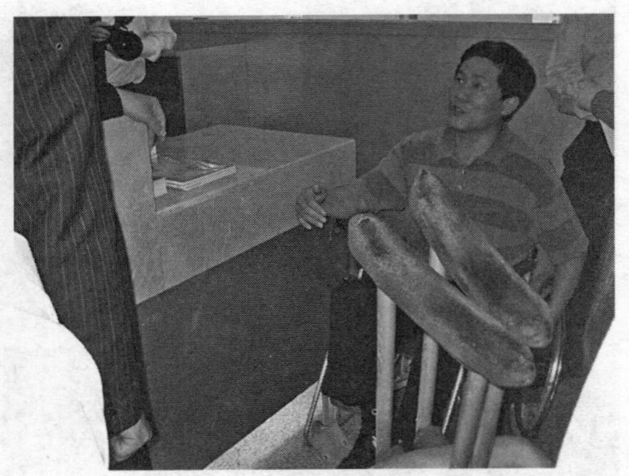

图 10-23　当代商城的低位服务台

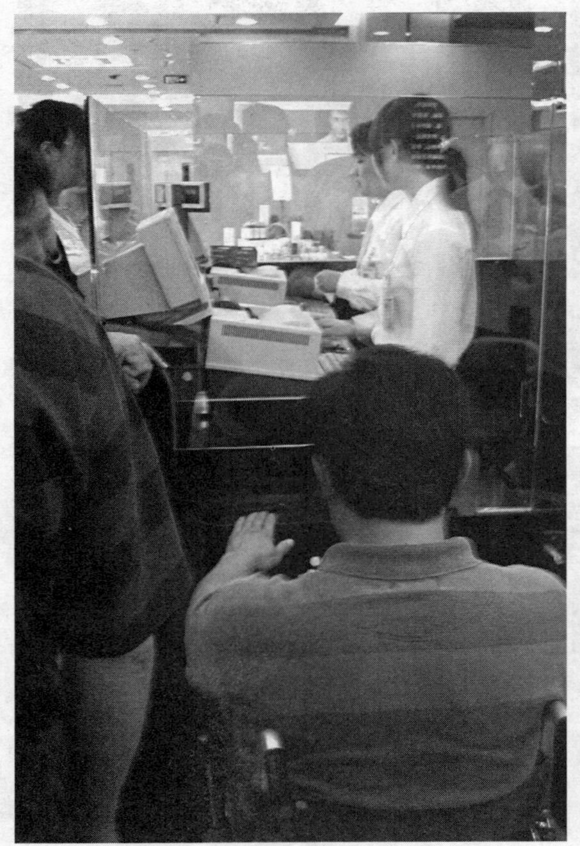

图 10-24　当代商城的低位收银台

图 10-25　当代商城的无障碍电梯

图 10-26　当代商城的无障碍卫生间

3. 中粮广场

入口坡道位置不甚恰当，坡度也有些过陡（图 10-27、图 10-28）。通向停车场坡道的位置、坡度较适宜（图 10-29）。以上三处坡道均没有设置栏杆扶手。入口设无障碍停车位，但宽度尺寸不符合规范要求（图 10-30）。室内有高差处设坡道，但局部有些过陡（图 10-31、图 10-32）。设置了无障碍电梯（图 10-33），无性别的无障碍卫生间（图 10-34）。无障碍标识系统不完善（图 10-35）。

图 10-27　中粮广场的入口坡道 1

图 10-28　中粮广场的入口坡道 2

图 10-29　中粮广场的通往停车场的坡道

图 10-30　中粮广场的入口处的无障碍停车位

图 10-31　中粮广场的室内坡道 1

图 10-32　中粮广场的室内坡道 2

图 10-33　中粮广场的无障碍电梯内部

图 10-34　中粮广场的无性别卫生间

图 10-35　中粮广场的无障碍标识

10.1.4　宾馆

金融街威斯汀酒店

酒店的入口自动旋转门上设有无障碍通行的辅助设施，并设了低位控制按钮（图 10-36）。除常规的总台外，在酒店大堂里设置了低位的服务台（图 10-37），可供老弱人士办理手续，也能满足乘轮椅者的使用要求。

酒店设一部无障碍电梯（图 10-38），电梯轿厢内设有低位按钮（图 10-39）。大堂局部地面抬升，设置了坡度适宜的坡道，坡道上的浅沟槽设计起到防滑作用，又不会引起磕碰（图 10-40）。

酒店的无障碍客房是一亮点，据经理介绍入住率很好，房客多为国外企业的高管（在国外残障人士任企业高管并不鲜见）。图 10-41、图 10-42 所示为便于乘轮椅者使用的衣橱，图 10-43 ～图 10-45 所示为无障碍的客房卫生间。

图 10-36 金融街威斯汀酒店的入口旋转门

图 10-37 金融街威斯汀酒店的服务台

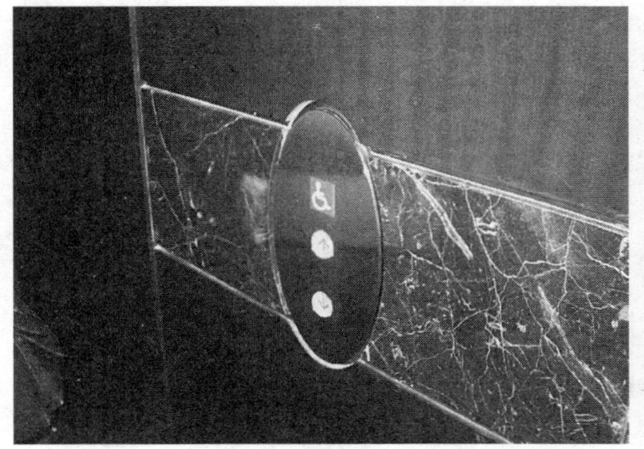

图 10-38 威斯汀酒店的无障碍电梯按钮

图 10-39 威斯汀酒店的无障碍电梯低位按钮

图 10-40 威斯汀酒店的室内坡道

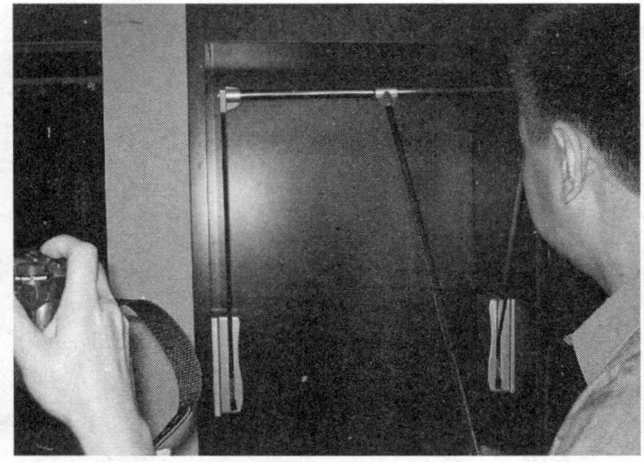

图 10-41 威斯汀酒店的无障碍客房衣橱 1

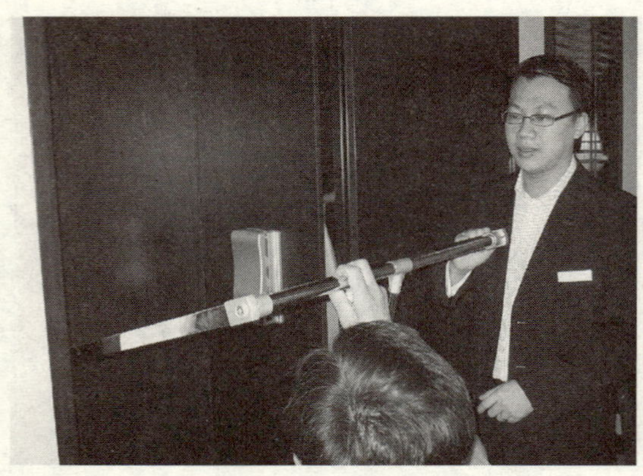
图 10-42　威斯汀酒店的无障碍客房衣橱 2

图 10-43　威斯汀酒店的无障碍客房卫生间 1

图 10-44　威斯汀酒店的无障碍客房卫生间 2

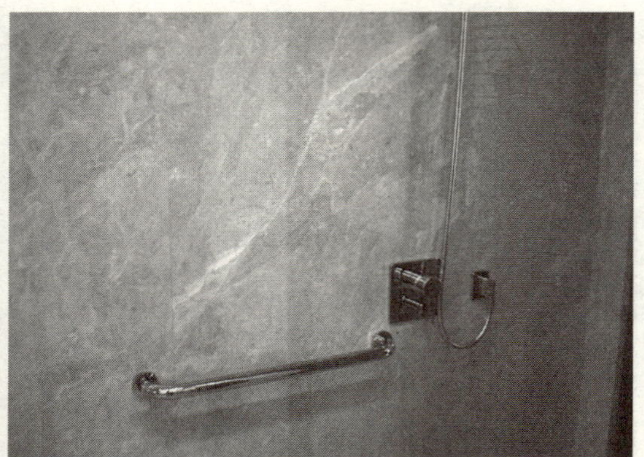
图 10-45　威斯汀酒店的无障碍客房卫生间 3

10.1.5　医院

友谊医院

北京的友谊医院进行过专门的无障碍改造，主要改造内容包括室外盲道（图 10-46）、公用电话（图 10-47）、各类低位服务台等（图 10-48、图 10-49）。

图 10-46　友谊医院的入口处盲道

图 10-47　友谊医院的无障碍公用电话

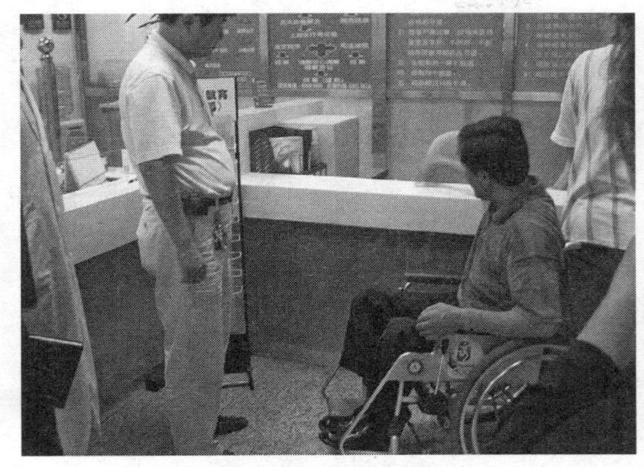

图 10-48　友谊医院的低位服务台

图 10-49　友谊医院的低位取药窗口

10.1.6　公园园林

月坛公园

月坛公园为城市性公园，主要服务周边居民的日常生活。与颐和园等具有较高文物保护价值的公园不同，无障碍游览路线要更加侧重于方便居民。它的无障碍游览路线上的主要节点自售票处始（图 10-50），包括无障碍卫生间（图 10-51、图 10-52）、无障碍的园路等（图 10-53、图 10-54），无障碍的园路最大限度地提供了遮蔽。

图 10-50　月坛公园的售票处坡道

图 10-51　月坛公园的无障碍公共卫生间

图 10-52　月坛公园的无性别卫生间

图 10-53 月坛公园的无障碍游览路线上的坡道 1

图 10-54 月坛公园的无障碍游览路线上的坡道 2

10.2 日本的无障碍建设

在笔者看来，日本可称作是世界范围内无障碍建设十分完备的国家，不要说与其他的亚洲国家相比，就是相比其他西方发达的国家，也可说是领先的。正是由于在日本整个社会中，无障碍设施建设得非常系统化，而且已经成为高质量的设计、施工、维护、服务的一个部分，我们才可能在街头、图书馆、美术馆、学校看到那么多的残障儿童和成人、老年人走出家门，享受和普通人无异的生活。

10.2.1 城市环境与交通

1. 系统性

日本的城市环境中的无障碍设施非常成系统。如图 10-55 所示，无论大小路口均设置足够宽阔的缘石坡道，多为三面坡扇形，多设置平交的人行通道（图 10-56、图 10-57），较宽的路口有时会设置跨街天桥（图 10-58），跨街天桥均设有无障碍电梯（图 10-59），楼梯设双层扶手及提示盲道（图 10-60）。

图 10-55 日本的无障碍城市环境

图 10-56 城市中的平交路口 1

图 10-57　城市中的平交路口 2

图 10-58　跨街天桥

图 10-59　跨街天桥的无障碍电梯

图 10-60　跨街天桥的无障碍楼梯

2. 盲道

日本的盲道之成体系及完善，令人惊叹。从城市环境到建筑场地的盲道很成体系，如图 10-61 所示，在人行道的起始处设置提示盲道，建筑入口处设置行进盲道和提示盲道（图 10-62）。在建筑内部重点需提示部位，如疏散出口处设提示盲道（图 10-63）。为了保证盲道尽量闭环，环绕建筑的庭院和小路也铺设盲道（图 10-64）。

图 10-61　在人行道的起始处设置提示盲道

图 10-62　建筑入口处的盲道

图 10-63　疏散出口设提示盲道

图 10-64　庭院中的盲道

3. 景观中的无障碍设计

结合环境景观设计处理场地坡地，将无障碍设计与景观设计有机结合，融为一体。图 10-65 中，整个场地景观以折线为概念，综合解决了找坡、排水等功能问题。

有时景观设计中高差的出现是不可避免的，往往需要用到坡道，图 10-66 所示的坡道地面材质与整体景观一致，而又比较适宜无障碍设计，扶手简洁，而且起到了一定的防护作用。中国的很多园林中采用拱桥，虽然形式很美，也是中国的传统，但老年人、体弱者用起来非常不便，雨雪天还容易造成意外，图 10-67 中跨过溪水的小桥却非常实用，基本是平缓的，桥面是木板，可防止湿滑，栏杆也很结实，整个桥体和环境融合得很好，也很有东方色彩和味道。

图 10-65 以折线为概念的场地景观

图 10-66 与整体景观一致的坡道地面材质

图 10-67　传统日本风格的小桥

4. 细节

日本的无障碍设计及建设非常注意细节，如图 10-68 所示，随着地面材料的转换，盲道的材料也相应转换，而且变形缝、排水箅子的处理非常精细。图 10-69 中提示盲道的金属钉不但醒目，而且和木地板的金属钉呼应。图 10-70 中，不但上层设置颜色醒目的扶手，而且在栏板底部设栏杆，便于盲人使用。图 10-71 中，在老人、儿童、残障人士经常去的文化建筑的庭院内，宽大楼梯的中间扶手并排设置，方便两边的人同时使用。

图 10-68　地面材质的精细化处理

图 10-69 金属钉提示盲道

图 10-70 设置底部栏杆的栏板

图 10-71 宽大楼梯的中间扶手

5. 标识

城市中无障碍标识完整，而且充满设计感。在稍大的停车场均设有无障碍停车位，设有遮荫的棚架并有明显标识（图 10-72）。图 10-73 中，不但在梯段起始设置提示盲道，而且用明黄的提示条标示出每个梯级。图 10-74 所示是街头的公共卫生间，无障碍标识不是简单地粘贴一个标准化的标牌，而是标识整体设计，和建筑的设计风格非常统一。

图 10-72　无障碍停车位

图 10-73　楼梯的梯级提示

图 10-74　街头无障碍卫生间的标识

10.2.2　建筑

1. 建筑出入口

建筑物平坡入口的方式非常普及，甚至可说是最优选。大部分大型公共建筑的入口尽量做到平坡入口，如图 10-75 所示，设置长长的雨篷，非常人性化。如图 10-76 所示，小型的公共建筑即便近邻人行道也争取做到平坡进入。

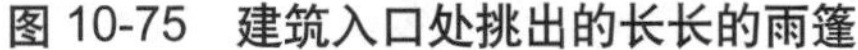

图 10-75 建筑入口处挑出的长长的雨篷

图 10-76 小型公共建筑的入口

无法做到平坡入口的建筑，设置醒目、合理的坡道，而且在建筑形式上比较考究（图 10-77、图 10-78）。

图 10-77 建筑入口的坡道 1

图 10-78 建筑入口的坡道 2

2. 公共卫生间

城乡的公共卫生间大多设有单独的无障碍卫生间，不但为残障人士使用，也为需要互相照料的老夫妇提供方便。在空间允许的条件下，在无障碍卫生间中还附设一个可折叠收纳的床，方便临时的医疗需要。

图 10-79　公共建筑内的盲道 1

3. 盲道

公共建筑内盲道非常齐全（图 10-79、图 10-80）。楼梯往往设置双层扶手，下层扶手转弯处特意放大，更便于使用（图 10-81）。

图 10-80　公共建筑内的盲道 2

10.2.3　安全性

利用巧妙的设计来提高建筑的安全性，如图 10-82 所示，在通路和水池之间设置粗糙的路面，一方面起到很好的提示作用，另一方面也丰富了室内的层次。图 10-83 中路面材质

图 10-81 楼梯的双层扶手

的变化，也起到同样的作用。图 10-84 所示为一个高层建筑的屋顶花园，靠近外围设置绿化，人在其中没有在高空中的不适感。图 10-85 中在路口的路灯，设置防护围栏。但图 10-86 中庭院景观的坡道则不但不适于残障人士和老年人，在雨天，一般的人士也要小心翼翼。

图 10-82 在通路和水池之间设置粗糙的路面

图 10-83　城市广场

图 10-84　高层建筑的屋顶花园

图 10-85　设置防护围栏的路口路灯

图 10-86　不适宜无障碍的坡道

图 10-87　城市中起伏的地形 1

10.3　欧洲的无障碍建设

欧洲的城市大多数历史悠久，经过几百年不断地建设和修改的城市环境和建筑在设计之初还没有无障碍设计的理念。所以，在现代化的过程中均面临无障碍化的问题，这带来很大的挑战，也和城市保护的原则产生了一些矛盾。但近几十年，欧洲各个城市的实践提供了很好的经验，为我们如何在城市的现代化过程中，不经过大拆大改而有机地更新提供了有益的启示。

10.3.1　城市环境与交通

欧洲大量的老城，地形起伏给无障碍带来困难（图 10-87 ～图 10-89）。经常也只能加一些扶手、护栏。

图 10-88　城市中起伏的地形 2

图 10-89　城市中起伏的地形 3

也有非常有创造性的处理，如图 10-90 ～图 10-92 所示，结合新建的建筑屋顶作为处理城市高差的媒介，从屋顶也可以进到建筑（图 10-93）。

图 10-90 结合城市地形的建筑 1

图 10-91 结合城市地形的建筑 2

图 10-92 结合城市地形的建筑 3

图 10-93 结合城市地形的建筑 4

缘石坡道多为全宽式单面坡，绿化隔离带处做平（图 10-94、图 10-95）。

图 10-94 欧洲城市的缘石坡道 1

图 10-95 欧洲城市的缘石坡道 2

在可能的情况下步行和车行基本上是平的，设置休息座椅，站台做坡道。步行道和车道之间以材质或者色彩区分（图 10-96 ～图 10-100）。

图 10-96　欧洲城市街道 1

图 10-97　欧洲城市街道 2

图 10-98　欧洲城市街道 3

图 10-99　欧洲城市街道 4

图 10-100　欧洲城市街道 5

10.3.2 建筑

建筑出入口也是尽量地做成平坡入口，或者结合不同形式的坡道形成丰富的无障碍入口形式（图 10-101、图 10-102）。图 10-103 所示的设计在庭院中利用平台处理高差变化，同时也对庭院进行了空间划分，增加了变化。

建筑入口的玻璃门往往会有所提示，防止不慎的碰撞（图 10-104）。

图 10-101 建筑的无障碍入口 1

图 10-102 建筑的无障碍入口 2

图 10-103 建筑内庭院

图 10-104 建筑入口玻璃门提示

图 10-105 所示为著名的柏林德国议会大厦，环绕的坡道构成游览的路线，行人观景路线连续，走动不觉得劳累。欧洲的细节设计相对简洁，但非常严谨，施工精度也很好（图 10-106、图 10-107）。

图 10-105　柏林德国议会大厦

图 10-106　低位服务台

图 10-107 自动扶梯的起步处细节

10.4 美国的无障碍建设

美国通用设计原则在建筑环境与建筑上贯彻的风格与日本不同，相对日本的细腻、一丝不苟，美国的设计及实施要粗放一些，各具有灵活性，是在保证一定水准的环境通用性原则的基础上，务实地去处理。笔者曾经和一个美国的建筑师沟通，得知，美国这方面的情况和中国不同，在中国是由规范约束建筑师在无障碍设计中的行为，而在美国是建筑师负责制，如果使用中出现了安全问题或者有歧视性的设计倾向，则建筑师可能面临承担法律的责任。所以，美国的政府、项目主管方及设计方在工作中以务实为基本态度。当然，多年来还是形成了一些共性的原则性做法，比如人行系统的无障碍化处理，建筑入口高差的处理等。

在美国的一些建筑大师的作品中，可以看到值得称叹的将对人的关怀的设计与形式美的完满结合，这是通用设计最终追求的境界。但也能看到一些追求形式化的作品，在通用设计的方面是有些疏忽的。

10.4.1 城市环境与交通

1. 人行系统

美国是汽车国家，相对日本和欧洲，人行的城市环境没有那么精细，但也有严格的法规控制，每个路口都设置缘石坡道，多在角部，为扇形（图 10-108 ～图 10-110)。对路上的障碍，如树坑等进行平化处理（图 10-111)。城市空间中的较大高差，很多经过改造是楼梯和自动扶梯组合的形式（图 10-112)。

图 10-108　路口缘石坡道 1

图 10-109　路口缘石坡道 2

图 10-110　路口缘石坡道 3

图 10-111 树坑的平化处理

图 10-112 楼梯和自动扶梯的组合模式

2. 环境景观

城市中有随处可见的休息空间和座椅（图 10-113），还有些结合景观设计休息的场所，如图 10-114 所示，花池边兼休息座椅。图 10-115 所示的屋顶休息平台中，休息座椅、平台、坡道融为一体，同时还在座椅侧设排风百叶，是非常有创造力的设计。

图 10-113 城市中的休息空间

图 10-114 花池边兼休息座椅

3. 无障碍车位

在美国无障碍停车位的比例要求比中国要高，一般情况下，在现有用地，公共无障碍停车位占停车位的 2%，而且其中不包括残疾员工的车位。在新建用地，这个比例要达到 5%，商业、休闲、康复等向公共开放的建筑，要保证公共无障碍停车位占停车位的 6%，并且每个残疾员工保证一个无障碍停车位。并提倡无障碍车位有雨篷遮蔽（图 10-116）。

图 10-115　屋顶休息平台

图 10-116　设有雨篷的无障碍车位

4. 环境标识

图 10-117 所示为著名的芝加哥湖滨公园入口处的示意图，图中对无障碍的设施进行了清晰的标识（图 10-118、图 10-119）。图 10-120 所示为旧金山街头的无障碍标识。

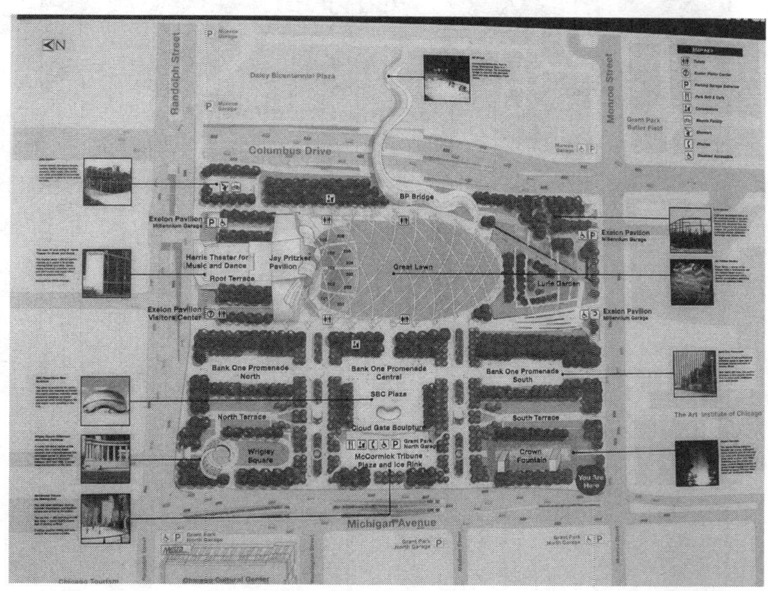

图 10-117　芝加哥湖滨公园示意图

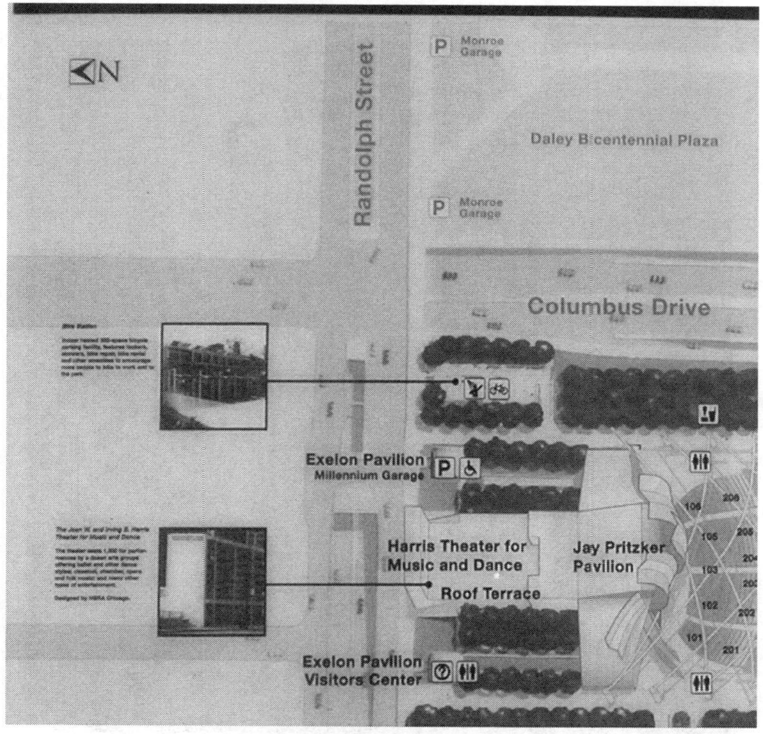

图 10-118　芝加哥湖滨公园示意图局部 1

图 10-119　芝加哥湖滨公园示意图局部 2

图 10-120　旧金山街头的无障碍标识

5. 栏杆扶手

因为历史建筑、场地高差等无法避免的原因，美国的城市中也会有一些大的楼梯，所有的室外楼梯均设置了扶手。图 10-121 所示为一个教堂的前广场大台阶，为不影响教堂的形象，在一侧靠近基座处设置两面的扶手。大部分城市外环境中，宽大楼梯的中间扶手都是采用如图 10-122、图 10-123 所示的两道平行扶手。图 10-124 所示为建筑设计大师迈耶在洛杉矶的盖蒂中心设计的室外坡道，不但设置双层扶手，而且扶手末端伸出比较长，下弯落地。

图 10-121　教堂的前广场大台阶

图 10-122　宽大楼梯的中间扶手 1

图 10-123　宽大楼梯的中间扶手 2

图 10-124　盖蒂中心的室外坡道

10.4.2　建筑

1. 建筑的进入或穿过的方式

建筑的进入或穿越方式是建筑师很喜欢做文章的地方，如图 10-125 所示，为沙里宁设计的麻省理工学院著名的小教堂的入口坡道，就像引向静谧与和平的通路，非常优美。图 10-126 ～图 10-129 展示的是柯布西耶在哈佛大学做的一个建筑，用一个长长的坡道穿过建筑，而建筑的底部也是可以穿行的。图 10-130 中以场地的坡度而不是个常规意义的坡道来处理建筑内外的高差。图 10-131 所示为惠特尼美术馆，设计了一个“桥”来到达建筑的主入口，室内外高差的坡度在这个“桥”的长度内解决，并且在桥头，结合雨篷的造型很有视觉冲击力。图 10-132 中音乐厅的入口门厅，在入门后起坡，形成一个界限清晰的入口空间。图 10-133 中结合建筑形式中的基座处理坡道，既毫不生硬，又给建筑增加了动态。有些城市性公共建筑（图 10-134、图 10-135）门前并没有足够宽阔的空间，也可以结合人行道处理为平坡入口，伸出的大雨篷也便利了经过的行人。图 10-136 所示为平坡入口结合门廊的设计。无法设置平坡入口的建筑，均设置无障碍的辅助入口，大部分也做成平坡入口，并且设置无障碍入口的标识（图 10-137、图 10-138）。

图 10-125　麻省理工学院的小教堂的入口坡道

图 10-126　柯布西耶在哈佛大学设计的建筑 1

图 10-127　柯布西耶在哈佛大学设计的建筑 2

图 10-128　柯布西耶在哈佛大学设计的建筑 3

图 10-129　柯布西耶在哈佛大学设计的建筑 4

图 10-130　以场地起坡来处理高差

图 10-131　惠特尼美术馆

图 10-132　音乐厅的入口门厅

图 10-133　结合建筑基座处理坡道

图 10-134　挑出在人行道上的雨篷

图 10-135　平坡入口结合门廊的设计

图 10-136　平坡入口结合门廊

图 10-137　无障碍入口的标识 1

2. 坡道与空间设计

很多建筑大师将坡道和建筑设计概念相结合，坡道成为空间中一个很重要的提供动态的要素。最典型的如赖特的古根海姆博物馆，坡道结合参观流线（图 10-139、图 10-140）。这种做法被后代的迈耶在设计中借鉴（图 10-141）。现在如日中天的建筑大师也对坡道在空间中的表达有很好的案例，图 10-142、图 10-143 所示即为 OMA 事务所在麻省理工学院的学生活动中心，坡道、下沉或升起空间、台阶结合在一起，配合鲜艳的颜色，活泼跳动的气质凸显。图 10-144 所示为盖里在芝加哥设计的室外剧场，两侧的坡道也限定了空间。

图 10-138　无障碍入口的标识 2

图 10-139　古根海姆博物馆 1

图 10-140　古根海姆博物馆 2

图 10-141　迈耶设计的博物馆室内

图 10-142　麻省理工学院的学生活动中心 1

图 10-143　麻省理工学院的学生活动中心 2

图 10-144 芝加哥的室外剧场

3. 室内设施

无障碍柜台很常见，图 10-145、图 10-146 为设计得非常合理的案例，无论对接待者和被接待的乘轮椅者都恰当而舒适。图 10-147 中，无障碍专用门设置自动启闭装置，实际上此图中的门用执手的形式是通用的设计，在美国用得非常普遍（图 10-148）。

图 10-145 无障碍柜台 1

图 10-146　无障碍柜台 2

图 10-147　无障碍专用门

4. 标识

图 10-149 所示的设计以一个大问号很醒目又简明易懂地标识出问询处的位置，是典型的、优秀的通用性设计。图 10-150 中的标识在无障碍的通路上，而且在乘轮椅者的视线高度。

图 10-148　符合通用设计的门执手

图 10-149　醒目的标识

图 10-150　在无障碍的通路上的标识

5. 栏杆、扶手

前面在室外的栏杆扶手中提到迈耶的作品，图 10-151 是盖里的作品，同样的为双层扶手，而且内层扶手均伸出很长，并下弯落地，可见这种细部的设计已成标准化的模式。并且此设计采用竖向栏杆结合双层扶手的形式，更具安全性。盖里的另一个作品迪士尼音乐厅中，扶手非常完备（图 10-152 ~ 图 10-155）。图 10-156 中，本来一般性的靠墙栏杆，进行扭转，以让这种转角式楼梯更易于使用。OMA 事务所的扶手与栏板也有自己独特的设计（图 10-157、图 10-158）。

图 10-151 双层扶手

图 10-152 迪士尼音乐厅走廊中的扶手

图 10-153 迪士尼音乐厅楼梯的双层扶手

图 10-154 迪士尼音乐厅楼梯的靠墙扶手 1

图 10-155 迪士尼音乐厅楼梯的靠墙扶手 2

图 10-156 转角楼梯的扶手

图 10-157 OMA 的扶手与栏板的设计 1

图 10-158 OMA 的扶手与栏板的设计 2

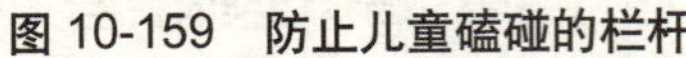

图 10-159　防止儿童磕碰的栏杆

图 10-160　水池挡台

10.4.3　安全性

安全性往往体现在细节中，图 10-159 所示为防止儿童磕碰的栏杆。在沙里宁的设计中，起到维护作用的水池挡台，是建筑优美构图中的一道弧线（图 10-160）。如图 10-161 所示，在公共建筑中，两面临空的走廊设置挡台，虽然为了视觉效果比较轻薄，但也可以避免因高空落物带来伤害，而且对盲人使用也有利。图 10-162 中，在门内设置地面擦鞋毯，可防止雨天带入雨水，造成室内硬地的湿滑。靠近玻璃屋顶的上人区域，设置安全围栏（图 10-163）。

图 10-161　两面临空的走廊设置挡台

图 10-162 在门内设置地面擦鞋毯

图 10-163 安全围栏

美国的城市环境中并没有像日本那样设置非常完备的盲道，只是在重要的部位，出于安全等原因设置提示盲道，如图 10-164 所示，在站台设提示盲道，防止视觉障碍人士跌入。

图 10-164 站台盲道

但在美国的城市和建筑中还是看到一些通用性并不好甚至有安全隐患的部位。比如图10-165所示，为一个商业区的室外楼梯，虽然设置了双层扶手，但弧形的梯段结合梯面漏空踏步形式，还是会对老年人的使用带来安全隐患。而图10-166所示的安全问题更加严重，在建筑的上人屋顶花园使用横向栏杆，这在中国是不允许的。

图 10-165　有安全隐患的楼梯

图 10-166　有安全隐患的上人屋面栏杆

参考文献

[1] 世界卫生组织 . 国际功能、残疾和健康分类（ICF）[S]，2001.

[2] 成斌，赵祥 . 近 20 年国际无障碍环境建设法制进程综述 [J]. 建筑科学，2008（3）.

[3] 贝恩特 • 舒尔特 . 欧洲残疾人政策与残疾人立法 [J]. 社会保障研究，2009（2）.

[4] 韩君玲 . 日本残疾人福利法制的特征及启示 [J]. 学术交流，2010（11）.

[5] 住房和城乡建设部标准定额司 . 无障碍建设指南 [M]. 北京：中国建筑工业出版社，2009.

[6] 潘海啸，熊锦云，刘冰 . 无障碍环境建设整体理念发展趋势分析 [J]. 城市规划学刊，2007（2）.

[7] 中国标准出版社第六编辑室编 . 残疾人康复和专用设备标准汇编 [M]. 北京：中国标准出版社，2010.

[8] 香港房屋协会编著 . 香港住宅通用设计指南 [M]. 北京：中国建筑工业出版社，2009.

[9] 艾克哈德 •费德森，伊萨 •吕德克，周博，范悦，陆伟著 . 全球老年住宅建筑设计手册 [M]. 北京：中信出版社，2011.

[10] 北京市规划委员会 . 关于组织开展无障碍设施建设和改造工作的汇报 [R]，2009.

[11] Wolfgang F. E. Preiser：Universal Design Handbook[M].Second Edition，2011.

[12]（英）迈克 • 奥利弗，鲍勃 • 萨佩著 . 残疾人社会工作 [M]. 高巍，尹明译 . 北京：中国人民大学出版社，2009.

[13] 世界卫生组织，世界银行 . 世界残疾报告 [R]，2011：1-325.

[14] 日本建筑学会编 . 无障碍建筑设计资料集成 [Z]，2006.

[15] 中国台湾地区 . 建筑物无障碍设施设计规范解说手册 [M]，2010.

[16] Ann Sawyer，Keith Bright. The Access Manual[M].Second Edition.Blackwell Publishing，2007.

作者介绍

焦舰：1996 年毕业于天津大学建筑系。建筑学硕士，国家一级注册建筑师，教授级高级建筑师，北京市建筑设计研究院有限公司副总建筑师，绿色建筑研究所所长。

主要关注方向为可持续的城市和建筑，包括生态城市、绿色建筑、无障碍设计、老年人建筑等。曾任国家标准《无障碍设计规范》（GB 50763—2012）编写组组长，《太阳能生态城建设系列丛书》副主编，并为其中《国内外生态城镇比较与研究》与《太阳能生态城设计》两本书主编。完成了多项课题研究和多项建筑项目设计，范围涵盖生态城、绿色住区、改造设计、大型公共建筑、教育建筑等。

现任：中国建筑学会建筑师分会理事；中国城市科学研究会绿色建筑与节能专业委员会委员；全国无障碍建设专家委员会成员等。

孙蕾：1995 年毕业于北京建筑工程学院建筑系建筑学专业。工学学士，高级建筑师，现任职于北京市建筑设计研究院有限公司绿色建筑研究所。

长期以来一直致力于无障碍方面的研究，是国家标准《无障碍设计规范》（GB 50763—2012）的主要编制人，国家建筑标准设计图集《无障碍设计》（12J926）的项目负责人和设计负责人，住房和城乡建设部标准定额司颁布的《无障碍建设指南》、《家庭无障碍建设指南》的主要编制人以及《北京市居住区、居住建筑无障碍设计规程》的项目负责人和编制人。近年来还从事无障碍方面的培训工作，在北京、上海、南京等多地包括清华大学、建筑师培训学校和残联等机关单位进行授课和培训。

杨旻：1993 年毕业于西安冶金建筑学院建筑系建筑学专业。工学学士，国家一级注册建筑师，高级建筑师，北京市建筑设计研究院有限公司绿色建筑研究所设计总监。

主要关注方向为可持续的城市和建筑，包括无障碍设计、绿色建筑、适老性社区建设等。曾任国家标准《无障碍设计规范》（GB 50763—2012）主要起草人，国家建筑标准设计图集《无障碍设计》（12J926）审核人，《家庭无障碍建设指南》编写组成员，《北京市绿色建筑评价技术指南》编写人，并参与多项无障碍及适老性课题的研究。从事建筑设计与研究 20 年，完成多项新建与改建住宅、公建、援外工程设计项目。

图书在版编目（CIP）数据

城市无障碍设计 / 焦舰等著．— 北京：中国建筑工业出版社，2014.4

ISBN 978-7-112-16292-5

Ⅰ.①城… Ⅱ.①焦… Ⅲ.①残疾人 — 城市道路 — 设计②残废者住宅 — 建筑设计 Ⅳ.①U412.37②TU241.93

中国版本图书馆CIP数据核字（2013）第321077号

本书的三位作者均是国家标准《无障碍设计规范》（GB 50763）的主要起草人。他们在北京市建筑设计研究院有限公司绿色建筑研究所工作多年，在无障碍设计领域积累了丰富的设计经验，并拥有先进的设计理念。

本书作为给建筑设计人员阅读使用的专业书籍，书中不仅讲述了无障碍设计的历史，也讲述了无障碍设计的原则、基本要素等具体内容。既有阅读的趣味性，也突出了无障碍设计的专业性。

全书共包括：无障碍设计历史回溯、残疾与障碍、《无障碍设计规范》综述、无障碍设计的原则、无障碍设计的基本要素、无障碍规划及室外环境、无障碍的起居生活、无障碍的公共建筑、从无障碍设计到通用设计、国内外无障碍建设实录10章内容。

本书适合广大建筑设计人员及高校的建筑设计专业的师生阅读使用。

责任编辑：张伯熙
责任设计：董建平
责任校对：张　颖　赵　颖

城市无障碍设计
焦舰　孙蕾　杨旻　著
*
中国建筑工业出版社出版、发行（北京西郊百万庄）
各地新华书店、建筑书店经销
北京京点图文设计有限公司制版
北京建筑工业印刷厂印刷
*
开本：787×1092 毫米　1/16　印张：13½　字数：340 千字
2014 年6月第一版　2014年6月第一次印刷
定价：39.00元
ISBN 978-7-112-16292-5
（25032）